"互联网十"在基础教育中的应用模式研究

雷　静　著

北京航空航天大学出版社

内 容 简 介

"互联网＋"教育正在改变传统的教学模式,如何运用"互联网＋"技术实施教学,改变传统的教学方式,使学生真正成为课堂的主体,使教师不再是单纯的知识传播者,而更多地充当课堂活动的组织者,引导学生积极参与、思考、讨论并解决问题,这些都值得每个教育工作者去探索。本书对"互联网＋"在基础教育中的应用模式进行了认真调研和分析,对翻转课堂、微课、慕课、教育云平台等目前流行的应用模式进行了详细阐述。

本书适合中小学教师、教育技术行业人员阅读、参考。

图书在版编目(CIP)数据

"互联网＋"在基础教育中的应用模式研究 / 雷静著
. −− 北京 : 北京航空航天大学出版社,2022.8
ISBN 978 − 7 − 5124 − 3722 − 7

Ⅰ. ①互… Ⅱ. ①雷… Ⅲ. ①互联网络−应用−基础教育−教育研究−中国 Ⅳ. ①G639.2 − 39

中国版本图书馆 CIP 数据核字(2022)第 011306 号

"互联网＋"在基础教育中的应用模式研究

雷 静 著

策划编辑 胡晓柏 责任编辑 周华玲

*

北京航空航天大学出版社出版发行

北京市海淀区学院路 37 号(邮编 100191) http://www.buaapress.com.cn
发行部电话:(010)82317024 传真:(010)82328026
读者信箱: emsbook@buaacm.com.cn 邮购电话:(010)82316936
北京凌奇印刷有限责任公司印装 各地书店经销

*

开本:710×1 000 1/16 印张:6.5 字数:113 千字
2022 年 8 月第 1 版 2022 年 8 月第 1 次印刷
ISBN 978 − 7 − 5124 − 3722 − 7 定价:29.00 元

序　言

2015年11月19日,时任国务院副总理刘延东在第二次"全国教育信息化工作电视电话会议"上强调,在"十三五"期间,要把握"互联网+"潮流,通过开发共享教育、科技资源,为创客、众创等创新活动提供有力支持,为全民学习、终身学习提供教育公共服务。2016年2月,教育部印发《2016年教育信息化工作要点》,将落实"互联网+"、大数据、云计算、智慧城市、信息惠民、宽带中国、农村扶贫开发等重大战略对人才培养等工作的部署,作为做好教育信息化统筹规划与指导,加强教育信息化统筹部署的重点任务。在大数据、云计算、移动互联等技术优势的基础上,互联网席卷了各个传统领域,掀起一场改革的浪潮,"互联网+"计划应用到教育领域,即为"互联网+教育"。

以教育信息化促进区域教育均衡发展是信息时代教育发展的必然选择,"三通两平台"建设的目标是促进教育均衡发展,实现教育公平,整体提高我国教育教学质量。"三通两平台"建设是教育信息化基础建设,是实现"互联网+教育"的重要支撑。随着"三通两平台"的实施,"互联网+教育"思维开始重构教育模式,翻转课堂、微课、慕课等一批以"互联网+教育"为基础的教学模式被引进课堂,改变了我们的传统教学模式,让课堂效率更高,教育个性化更强,最大化地为学生创造了相对公平的学习机会,在一定程度上促进了教育教学公平性的实施。

出版本书的目的是协助教育部门了解"互联网+"在基础教育中的应用模式,为各地实施"互联网+教育"提供参考。

本书是中央级公益性科研院所基本科研业务费课题"'三通两平台'对教育公平的影响"的研究成果,感谢教育部教育技术与资源发展中心的帮助与支持。

作　者

2022年5月

目　　录

第1章 概 述

1.1 教育信息化

随着信息技术的快速发展与应用,在教育过程中运用计算机、多媒体、网络促进教学过程信息化和科学化,培养适应信息化社会要求的人才,是各国教育事业改革与发展的战略选择。教育信息化是国家信息化的重要组成部分,是衡量一个国家和地区教育发展水平的重要标志。教育信息化的发展大体经历了基础设施建设、教学应用和反思探索三个阶段。纵观世界各国教育信息化发展规划,早期教育信息化发展规划重点关注信息化基础设施建设,旨在为学生提供良好的学习环境。随着教育信息化的发展,各国把关注的重点转向信息技术与课程的融合上,强调教育信息化在教育、教学过程中的应用,从而实现教育在质量提升方面的跨越式发展。

1.1.1 教育信息化的内涵

1993年,美国政府提出了"信息高速公路"计划,把信息技术在教育方面的应用作为实施面向21世纪教育改革的重要途径。美国的"信息高速公路"计划得到了世界各国的积极响应。我国学者把信息技术在教育领域广泛应用的发展模式称作"教育信息化"。国内学者围绕"教育信息化"开展了大量的研究工作,主要涉及教育信息化的本质、基础设施建设、信息技术在教育中的应用、国外教育信息化政策等方面。对于教育信息化的内涵众说纷纭,未形成统一的认识,主要有以下几个比较有代表性的观点。

我国电化教育的奠基人南国农先生认为,教育信息化是一个过程,一个运用现代信息技术、不断改进教育教学、培养提高学生的信息素养、促进教育现代化的过程。

北京师范大学的何克抗教授认为,教育信息化是信息与信息技术在教育、教学领域和教育、教学部门的普遍应用与推广。

华东师范大学的祝智庭教授认为,教育信息化是在教育过程中运用现代信息技术,促进教育改革与发展的过程。

从上述观点中,我们可以归纳出教育信息化是一个动态的发展过程,是将现代化信息技术手段运用到教育教学领域,促进教育观念、教育组织、教育内容、教育模式、教育技术等一系列教育行为发生改革和变化,从而实现信息技术与教育的融合。教育信息化没有固定的框架和模式,需要在实践过程中不断研究和探索。

1.1.2 教育信息化的特征

教育信息化是实现现代信息技术与教育整合的过程,所以要从教育和技术两个层面来阐述教育信息化的特征。

从教育层面看,教育信息化是一个追求信息化教育的过程,主要表现为:

(1)教育资源全球化

网络通信的发展为全球教育资源的共享提供了可能。共享性是信息化的本质特征,网络技术的公开性和共享性,使得教学资源交流全球化,大量丰富的教育资源通过网络为学习者共享使用。

(2)学习自主化

教育信息化打破了以学校为中心的教育体系,随着网络技术和信息技术的飞速发展,教育不再是学校的专利,教学活动不再局限于课堂,学习者可以随时随地获取自己需要的知识进行学习,真正实现以学习者为中心,突破对学习的种种限制和障碍,实现真正的教育公平。

(3)教学活动灵活化

教育信息化强调在教学活动中运用信息技术,在教学过程中突出学生主体地位,更新教学观念,改进教学方法,提高学生的自主性,达到对信息化人才的培养要求。从以教为主转变到以学为主,摆脱传统的课堂灌输模式,探索以学生为主的研究性学习、合作式学习等新的教学模式,实现教学观念创新。慕课、微课、翻转课堂等新的教学模式的兴起,逐渐打破了传统的"一书一粉笔"教学形式,使得课堂更具灵活性。

从技术层面看,教育信息化的基本特征是数字化、网络化、智能化。数字化使得教育信息技术系统的设备简单、性能可靠、标准统一,网络化使得信息资源可共享、活动时空少限制、人际合作易实现,智能化使得系统能够做到教学行为

人性化、人机通信自然化、繁杂任务代理化。

1.1.3　国外教育信息化的发展

1. 美　国

全球信息技术的快速发展给美国教育改革带来了新的机遇和挑战。美国教育部为了全面推进信息技术在教育领域的应用与发展,于1996年制订了第一个国家教育技术计划"使美国学生做好进入21世纪的准备——以迎接技术教育的挑战"。该计划确定了4个国家教育技术目标:全国所有教师都将得到培训和支持,以帮助学生学会使用计算机和信息高速公路;所有教师和学生在教室中都将拥有现代化的多媒体计算机;每个教室和图书馆都将连接到信息高速公路;有效的软件和在线学习资源将成为每个学校课程的整体组成部分。从1996年到1999年,随着第一个教育技术计划在美国各州实施,美国各类学校在课程与信息技术整合方面取得了明显进展。

2000年,美国教育部根据本国教育信息化的进展,颁布了题为"电子学习:在所有孩子的指尖上构建世界课堂"的第二个教育技术计划,提出了美国五个新的"国家教育技术目标":所有的学生和教师都能够在课堂、学校、社会和家里接触信息技术;所有的教师都能有效地运用技术帮助学生达到学业高标准;所有的学生都必须具备技术和信息素养方面的技能;研究和评估促进下一代的技术在教学和学习中的应用;以数字化内容和网络的应用来改造教学和学习。美国在2000年已经基本完成了网络在中小学的普及,教育信息化的重心开始转向关注信息技术装备在教学和学习中的利用率,支持和鼓励学生在教室、学校、社区及家庭中随时随地应用信息技术;同时,他们已经注意到教师是教育信息化的一个关键因素,为此还启动了培训教师的PT3项目基金,并积极推动社会制定有关标准,规范培养教师培训的质量。

美国2005年颁布了第三个国家教育技术计划"迈向美国教育的黄金时代:因特网、法律和当代学生变革展望",这个计划是布什政府"不让一个儿童落伍"(NCLB)法案的延伸,该计划强调技术的应用以及教学核心都必须以学生发展为中心,提出七个主要行动:改变领导者的职能,从原来的监督角色转向拥有能根据时代需求开展改革的领导人才;建立预算调整系统,建立技术革新基金会,降低技术改革的成本;提高教师的技术应用水平、教育质量,实现针对学生的个性化教学;鼓励师生参与在线学习,并为在线学习探索新的教学方法和测量方法;

鼓励使用宽带网,使师生充分认识到宽带技术的全部潜能;加强数字化内容建设,增加学生网络学习的机会;整合数据系统,有效配置资源。

2010年,美国教育部颁布了第四个国家教育技术计划"变革美国教育:技术推动学习",提出了一种由技术推动的21世纪学习模式,围绕学习、评价、教学、基础设施、生产力五个方面,提出了主要发展目标和建议:让所有学习者在校内外都有参与式的学习体验;各级各类教育系统将利用技术来测量重要的内容,并使用评价数据,以获得持续改进;利用技术为教师提供支持,使其能够获取数据、内容、资源、专业知识和学习体验,从而激励教师为所有学习者提供更有效的教学;让所有人随时随地使用综合性的学习基础设施;在控制成本的同时,重新设计教育系统的结构,充分利用技术来提高学习效果。

第五个国家教育技术计划"为未来而准备的学习——教育中的作用"颁布于2016年,该计划的关注点从"技术该不该用于学习"转到"如何运用技术来改善学习",提出通过使用技术重塑教育,实现全民终身学习系统的全员化、标准化和体制化,围绕学习、教学、领导、评价及基础设施建设提出了五个目标:让所有学习者都拥有校内外正式和非正式学习的体验,成为全球网络化社会中主动的参与者;确保教育者拥有全面的技术支持,可以随时随地与人、数据、各种资源、专业知识连接,为学习者提供更有效的学习体验;各级教育领导要充分了解教育技术,视其为主要职责之一,设定各州、各地区以及本土教育技术的愿景;各级教育系统将利用技术的力量来评价学习的有关事项并且充分利用评估的数据来改进工作,提高学习效率;让所有学生和教师可以随时随地随需求使用完善的基础设施。

从美国国家教育技术计划的发展历程来看,每一个新计划均是在充分总结分析前一轮计划取得的成效基础上,再根据时代的特点调整制订,为不同时期美国教育技术的发展划定了重点,指明了方向和路径,框定了美国教育信息化发展之路,从而实现利用技术去改革和发展教育的目标。

2. 新加坡

为了应对21世纪信息时代的挑战,新加坡教育部于1997年颁布了为期5年的教育信息化一期发展规划Master Plan 1(MP1),该规划提出了4个发展目标:加强学校与周围世界之间的联系;改革教育过程,推崇创新;加强创造性思维和社会责任感的培养,树立终身学习的理念;发挥信息技术在教育行政管理系统中的优势。MP1的实施为学校进行信息技术与课程整合奠定了坚实的基础,特别是在提供信息通信技术(ICT,Information and Communication Technology)基础设施以及教师具备基本水平的信息技术整合能力方面起到了极大的作用。到MP1 结束时,新加坡所有的学校都配备了用于支持教学的 ICT 基础设施,都接入了互联网,教师掌握了信息技术与课程整合的基本能力。

2003 年,新加坡教育部启动了教育信息化二期规划 Master Plan 2(MP2),MP2 更强调在已有硬件的基础上,将信息技术融入新教学体系,并在课程设计阶段即实现与技术的无缝整合。MP2 提出了 6 个发展目标:学生们能有效地利用ICT 进行主动学习;通过使用 ICT,加强课程、教学以及评价三者之间的关系;教师能够充分利用 ICT 促进自身专业发展;学习具备利用 ICT 促进学校未来发展的能力;积极开展 ICT 应用于教育中的研究;具有保障信息技术广泛传播和有效使用的基础设施。MP2 的实施取得了预期的效果,到 MP2 结束时,学生已经掌握了使用基本通信技术的能力,几乎所有的学生都学会了使用互联网;教师们也能够熟练地使用基本的工具和资源来支持课程教学。

为了进一步推进教育信息化的发展,新加坡教育部于 2009 年制定了基础教育信息化三期发展规划 Master Plan 3(MP3)。MP3 侧重于进一步促进 ICT 在教学过程中的应用,培养学生的协作学习和自主学习能力,提出了 4 个发展目标:通过 ICT 的有效使用,学生具备自主学习与协作学习的能力,并成为有辨别力和责任感的 ICT 使用者;学校领导要提供指导并为师生创造利用 ICT 进行教学的条件;教师要具备为学生设计和传递改进了的 ICT 学习经验的能力;ICT 基础设施能够支持师生随时、随地学习。世界经济论坛发布的《全球信息技术报告(2014 年)》显示,在全球被调查的 148 个国家中,新加坡的网络就绪指数以5.97 分位居第二,仅次于芬兰。其中,移动网络覆盖率、数字化资源的可获得性及人均网络带宽等教育信息化指标都处于世界前列,分别位居第一、第九和第四。

2015 年,新加坡教育部制定了第四个基础教育信息化发展规划 Master Plan 4(MP4),MP4 拓宽了整个课程关注的角度,不再仅局限于关注自主学习和协作学习。MP4 从学生、教师和学校三个方面提出了 6 个具体的发展目标:学生能够更好地进行个性化学习,随时随地学习;学生能够便捷地访问与课程相关的优质资源;教师能进行持续的、有针对性的专业学习;教师能够开展关于 ICT 实践的活动和示例;学校有来自其他学校的密切支持;学校有最好的 ICT 基础设施。

从新加坡至今发布的四个教育信息化发展规划中我们可以看出,新加坡在不断完善信息化基础设施建设,对基础设施建设的目标在不断提升。同时,新加坡十分重视信息技术与教育教学的深度融合,通过建立试点学校,积累丰富的教学经验,并在其他学校进行推广。教师信息技术能力提升和教师专业发展是新加坡教育信息化发展规划的重要部分,贯穿于四个规划当中。促进学生的全面发展是新加坡教育信息化发展的重要任务,从"树立终身学习理念"到"学会自主学习、协作学习",都充分体现了对学生学习能力的培养。

3. 英 国

英国早在 1995 年就启动了代号为"英国网络年"的五年计划,保证拨款 1.6 亿美元用于所有中小学(3.2 万所)的互联网建设,确保到 2002 年英国中学的人机比率达 7.9：1,98％的中学校园网相互连接;小学的人机比率达 2.6：1,86％的小学校园网相互连接;至少有 20％的学校要达到装有宽带的水平;大多数教师拥有个人电脑,或拥有便携式电脑;75％的教师和 50％的学生拥有自己独立的电子邮件地址。经过 5 年的努力,英国学校信息化基础设施建设取得了显著成效。截止到 2003 年,100％的中小学建有校园网,99％的校园网接入了互联网,约四分之一的学校采用了宽带连接。

1998 年,英国建成并全面启动国家学习信息系统,该学习信息系统具备强大的搜索功能,目前已成为欧洲最大的教育门户网站,它与各学科配套的软件十分丰富,英国的目标是国家课程中的每个知识点都有相应的网络资源。英国在1998 年还成立了教育传播与技术署,出台了一系列战略规划用于推进和深化教育信息化的建设与应用。英国强调 ICT 与其他课程的整合。在英国国家课程标准中,信息技术的应用已经成为开展各学科教学的基本要求。ICT 国家课程标准明确提出,要让学习者在其他学科中发展和应用 ICT 工具和资源,支持他们各个学科的学习。

到 2003 年,英国学校的信息化基础设施建设已经比较完善,英国政府适时将教育信息化战略重点从基础设施建设转向用 ICT 革新课程。2004 年,英国教育与技能部颁布了《关于孩子和学习者的五年战略规划》,指出 ICT 是教育改革的核心,涵盖早期教育、基础教育、特殊教育、高等教育、成人教育的各个阶段,以及学校领导、课程建设、教学活动、学校管理、评价和督导等各个环节,应该把学校、家庭、社区等各个环节都系统地融入教育体系中。

2005 年,英国教育与技能部颁布了《利用技术:改变学习及儿童服务》的信息化战略(e-Strategy),重点明确了为全体国民提供综合在线信息服务,为儿童及学习者个人提供综合在线支持,建立一套支持个性化学习活动的协作机制,为教育工作者提供优质的 ICT 培训与支持,为教育机构领导者提供 ICT 领导力发展培训,以及建立共同数字化基础设施体系以支持转变与改革等。

2008 年,英国教育传播与技术署公布了新的《利用技术:新一代学习(2008—2014 年)》信息化战略,确立了下一阶段的核心战略目标:利用技术提供差异化的课程和学习经历,帮助满足儿童和青少年的不同需求和喜好,为学生学习提供更多的灵活性与选择;为学习者提供可定制的、包括形成性评价和终结性评价在内的响应性评价;促进全体学习者,包括学习困难者,学习能力及经验的发展提高;增强家庭、学校和学生间的联系,特别是通过信息系统和工具提高家长的教育参与。

2016 年,英国发布《教育部 2015—2020 战略规划:世界级教育与保健》,制定了未来五年的教育发展战略与规划,其中提出要大力推进 STEM 课程的开设率,提升相关课程的质量。

英国政府通过政策引导和财政支持,开发利用信息资源,大力发展远程教育,全面更新管理和教学模式,教育信息化取得了巨大成功,其许多经验对我国推动教育信息化发展有极大的启示意义。

4. 日 本

1992 年,日本文部省首次提出要将计算机设施、多媒体教学手段等应用在教育方面。从 1994 年开始,文部省陆续颁布了一些相关的教育信息化政策措施。1999 年,日本政府正式制定了《教育信息化实施计划》,提出到 2005 年全国中小学都要实现网络化和计算机授课,完成在教学方法、教学管理以及学生学习方式方面的彻底变革。

2001 年,日本政府设立了以总理大臣为首的"IT 战略本部",制定"数字化日本战略",即 e-Japan 战略,确立了"IT 立国"的发展战略。通过这一战略,日本希望在 2005 年建设成为世界上最先进的信息技术国家,完成信息化设施基本建设。该战略明确提出了教育信息化的具体指标:2001 年度在中小学要实现每5.4 名学生拥有一台计算机;所有的学校要实现宽带网络接入率和普通教室的LAN 接通率达到 100% 等硬性指标。

2004 年,日本政府公布了新的信息化发展战略——u-Japan 战略。该战略希望通过泛在网络,在日本国内形成一个信息网络无所不在的社会,使得所有人都可以随时随地上网。2006 年，日本政府又部署了第二阶段的国家教育信息化建设战略——IT 新改革战略。新的战略力争成为国际信息技术革命的前导，完成信息技术结构性布局，实现信息技术规范社会。该战略的一项具体建设目标就是实现教师每人一台计算机并接入互联网，实现学校信息化。2008 年，在新一轮的课程改革中，日本文部省特别要求增加电子计算机与信息通信网络的教学内容，并加强对学生信息道德的指导。

2009 年，日本战略本部出台 i-Japan 战略，该战略描述了 2015 年将会实现的日本数字化社会蓝图，阐述了实现数字化社会的战略。2010 年，日本启动"未来校园"项目，该项目旨在 2015 年前利用平板电脑为所有 6～15 岁的在校生提供电子化图书，并于 2020 年前完成全国范围内的普及和应用，同时还发布了《教育信息化展望大纲》和《教育信息化指南》两份有关教育信息化发展的指导性文件。

日本的信息化发展道路中制定了许多的政策战略，特别是 e-Japan、u-Japan 和 i-Japan 这三个国家重大信息化战略的实施，使得日本信息化水平稳步推进，不断提高。

1.1.4　我国教育信息化的发展

我国教育信息化最初起源于电化教育，1978 年 4 月，首次"全国教育工作会议"在北京召开，邓小平同志提出"要制定加速发展电视、广播等现代化教育手段的措施，这是多快好省发展教育事业的重要途径，必须引起充分的重视。"会后，印发了《关于电化教育工作的初步规划（讨论稿）》；8 月，成立中央电化教育馆，负责领导全国的电化教育工作。从此，电影、电视、广播、录音等电化教育手段在教育教学中广泛运用，拉开了中国教育信息化发展的序幕。电化教育的发展为信息化教育的发展奠定了坚实的基础。

1993 年，由国家投资建设、教育部负责管理、清华大学等高等学校承担建设和管理运行的全国性学术计算机互联网络——"中国教育和科研计算机网（CER-NET）着手建设。CERNET 成为我国开展现代远程教育的重要平台，它的建设和投入使用加强了我国信息基础建设，缩小了我国与世界先进国家在信息领域的差距，为我国计算机信息网络建设起到了积极的示范作用。20 世纪 90 年代中期，随着网络教育的兴起，我国的电化教育进入了一个新的发展阶段。硬件建设以网络教室和校园网的建设为主，软件建设以网上课程和数字化教材的建设为主。1998 年教育部颁发的《面向二十一世纪教育振兴行动计划》对以计算机多媒体为核心的现代教育技术的应用提出明确要求：充分利用现代信息技术，在原有远程教育的基础上，实施"现代远程教育工程"；以现有的中国教育科研网（CER-NET）示范网和卫星视频传输系统为基础，提高主干网传输速率，充分利用国家已有的通信资源，进一步扩大中国教育科研网的传输容量和联网规模；继续发挥卫星电视教育在现代远程教育中的作用，改造现有广播电视教育传输网络，建设中央站，并与中国教育科研网进行高速连接，进行部分远程办学点的联网改造；改变落后、低水平重复的远程教育软件开发制作模式，发挥政府宏观调控作用，利用各级各类学校教育资源的优势，通过竞争和市场运作机制，开发高质量的教育软件；采用先进的信息技术手段，结合中国的实际情况，不断提高现代远程教育的水平；依托现代远程教育网络开设高质量的网络课堂，组织全国一流水平的师资进行讲授，实现跨越时空的教育资源共享。

1999 年，中共中央、国务院颁布了《关于深化教育改革全面推进素质教育的决定》，对教育信息化提出了明确的任务：国家支持建设以中国教育科研网和卫星视频系统为基础的现代远程教育网络，加强经济实用型终端平台系统和校园网或局域网络的建设，充分利用现有资源和各种音像手段，继续搞好多样化的电化教育和计算机辅助教学。在高中阶段的学校和有条件的初中、小学普及计算机操作和信息技术教育，使教育科研网络进入全部高等学校和骨干中等职业学校，逐步进入中小学。采取有效措施，大力开发优秀的教育教学软件。运用现代远程教育网络为社会成员提供终身学习的机会，为农村和边远地区提供适合当地需要的教育。

2000 年 10 月，教育部主持召开了"全国中小学信息技术教育工作会议"，决定从 2001 年开始，用 5 到 10 年的时间，在中小学（包括中等职业技术学校）普及信息技术教育，就加快推进中小学信息技术课程建设、全面启动中小学"校校通"工程、加强中小学信息技术教育师资队伍建设、大力推进中小学普及信息技术教育工作等问题做出了详细的规定，明确了我国基础教育信息化的工作目标和具体任务，对今后 10 年我国的基础教育信息化推进工作具有规定性和指导性的意义。

2003 年 9 月，国务院召开全国农村教育工作会议，下发了《国务院关于进一步加强农村教育工作的决定》，明确提出实施农村中小学现代远程教育工程，促进城乡优质教育资源共享，提高农村教育质量和效益。在 2003 年继续试点工作的基础上，争取用 5 年左右时间，使农村初中基本具备计算机教室，农村小学基本具备卫星教学收视点,农村小学教学点具备教学光盘播放设备和成套教学光盘。经国务院批准,教育部、国家发展和改革委员会、财政部共同推行农村中小学现代远程教育工程。

2010 年 3 月,国务院发布《国家中长期教育改革和发展规划纲要(2010—2020 年)》明确指出加快教育信息化进程,把教育信息化纳入国家信息化发展整体战略,超前部署教育信息网络。2012 年,教育部正式发布《教育信息化十年发展规划(2011—2020)》,明确教育信息化的发展目标是基本建成人人可享有优质教育资源的信息化学习环境;基本实现宽带网络的全面覆盖;教育管理信息化水平显著提高;信息技术与教育融合发展的水平显著提升。概括提出了我国教育信息化未来十年的八项任务和五个行动计划,以促进信息技术与教育深度融合为核心理念,以"应用驱动"和"机制创新"为基本原则。2016 年教育部印发了《教育信息化"十三五"规划》,对未来一段时间我国教育信息化发展做出全面部署。

"三通两平台"是我国当前教育信息化的标志性任务,我国教育信息化的总体发展水平是由"三通两平台"及其支撑保障措施的发展状况所决定的。

1.2 "三通两平台"

《2014 年教育信息化工作要点》明确信息化的工作思路是以促进教育公平、提高教育质量为重点,根据教育规划纲要和全国教育信息化工作会议确定的"三通两平台"重点工作部署,狠抓工作落实,使教育信息化在推进教育领域综合改革、教育治理体系和治理能力现代化进程中发挥更大作用,取得明显成效。

1.2.1 "三通两平台"的起源

2012 年 5 月,教育部原副部长杜占元在教育信息化试点工作座谈会上指出,教育信息化的核心理念是信息技术与教育教学实践的深度融合,贯彻应用驱动是实现教育信息化的关键思路,推进教育信息化的工作重点是三大任务和两个平台。三大任务:第一是要基本解决各级各类学校宽带接入与网络学习环境的问题;第二是加强优质资源的建设与共享,每个班级都要用上优质资源;第三是建设实名制的网络学习空间环境,努力推动个人自主学习和教学互动。三大任务概括为"三通工程",即宽带网络校校通、优质资源班班通和网络学习空间人人通。两个平台是指教育管理公共服务平台和教育资源公共服务平台。"三通两

平台"的概念由此提出。

　　2012年9月,在全国教育信息化工作电视电话会议上,时任国务院副总理刘延东提出:"十二五"期间,要以建设好"三通两平台"为抓手,推动"宽带网络校校通",完善学校教育信息化基础设施;推动"优质资源班班通",加快内容建设与共享;推动"网络学习空间人人通",促进教学方式与学习方式的变革;建设教育资源和管理两大公共服务平台,为教育信息化提供坚实支撑。至此,"三通两平台"的概念正式确立,成为"十二五"期间我国教育信息化工作的核心目标与标志工程。

1.2.2 "三通两平台"的内涵

　　建设"三通两平台"的目的在于应用先进的信息技术,实现教育教学方式的变革,提高教育教学质量,实现教育均衡发展,促进教育公平。"三通两平台"中"两平台"是建设的基础,"三通"则主要通过"两平台"为教育信息化服务,其具体内涵如下。

　　"宽带网络校校通"是指学校的教育信息化硬件和软件落实到位,其实现的条件是为学校提供宽带网络接入和在学校内部建成网络条件下的基本教学环境。

　　"优质资源班班通"是在学校网络接入的基础上,建立教学平台,把教育资源推送到每一个班级,实现教学质量的提高和优质教学资源的共建共享。

　　"网络学习空间人人通"是指每个学生都拥有一个实名的网络学习空间和环境,优的教学资源共享至个人,实现个人的信息化教学与学习,从而激发学生的学习兴趣和主动性,实现教育模式的新突破。

　　"教育资源公共服务平台"是以云计算为基础,通过信息技术与教学过程深度融合,实现教育资源的共建共享服务平台。该平台汇集了各类教育资源,为课堂教学和学生自主学习提供支撑和服务。

　　"教育管理公共服务平台"是以云计算为基础的教育云管理服务平台。该平台为教育管理公共服务提供准确的数据,为国家教育决策提供支持服务,为地方应用提供服务。

1.2.3 "三通两平台"的建设内容

　　"三通两平台"是教育信息化基础设施建设,"三通"是目标,"两平台"是为"三

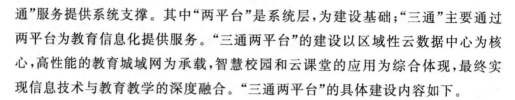

通"服务提供系统支撑。其中"两平台"是系统层,为建设基础;"三通"主要通过两平台为教育信息化提供服务。"三通两平台"的建设以区域性云数据中心为核心,高性能的教育城域网为承载,智慧校园和云课堂的应用为综合体现,最终实现信息技术与教育教学的深度融合。"三通两平台"的具体建设内容如下。

1. 宽带网络校校通

宽带网络校校通是指学校教育信息化软硬件基础设施建设。主要内容包括:①学校实现宽带接入互联网络,有条件的学校建立校园网、提供无线接入;②建设多媒体教室和计算机教室;③为教师提供用于网络教学的信息化设备,如计算机、扫描仪、照相机等;④为学生提供用于网络学习的联网计算机、移动终端等信息化设备。

2. 优质资源班班通

优质资源班班通是指班级信息化教育教学应用。要形成丰富的各级各类优质教育资源,并且将这些优质资源推送到每一个班级,利用互联网、多媒体教学设备和各种工具软件开展班级教学活动,促进教学模式与教学方法创新,提高教育教学质量。

其主要内容包括:①利用数字化教育资源开展课堂教学、学生个性化学习等教学活动;②利用信息技术开展课堂互动、课后复习、教学评价、答疑辅导、提交作业等班级教学与交流活动;③教师进行基于网络平台的协同备课和集体备课;④通过网络,对教师进行远程培训,组织教师开展交流协作和课题研究;⑤基于教育管理公共服务平台实现校务管理信息化。

3. 网络学习空间人人通

网络学习空间人人通是指师生利用网络学习空间开展教学活动。通过人人拥有的实名制网络学习空间,充分发挥网络学习平台在资源共享、互动交流、教学管理和教师研修等方面的支撑作用,真正把信息技术和教育实践的融合落实到教师和学生的日常教学中,形成基于网络学习空间的教学、教研方式,实现教与学、教与教、学与学全面互动,促进教学方式与学习方式的变革。

其主要内容包括:①通过教育资源公共服务平台为师生建立个人网络学习空间,推动师生使用个人网络空间;②推动师生使用教育资源公共服务平台中的各种工具进行教学、研讨、协作的互动;③推动学生使用教育资源公共服务平台中的电子书包、网络作业、网络课程、网上测试等开展自主学习;④推动师生使用

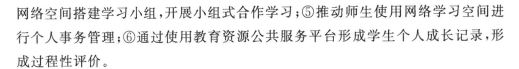

网络空间搭建学习小组,开展小组式合作学习;⑤推动师生使用网络学习空间进行个人事务管理;⑥通过使用教育资源公共服务平台形成学生个人成长记录,形成过程性评价。

4. 教育资源公共服务平台

教育资源公共服务平台是基于云计算的平台,该平台为教育资源建设与应用的衔接提供机制与服务,为课堂教学、学生自主学习提供网络学习空间与交流协作服务。该平台主要分为教育资源公共服务和教学交流与协作公共服务两个方面。

教育资源公共服务的主要内容包括:①政府投资建设或者购买基础性教育资源,平台提供存储、汇聚与共享服务,师生能够方便地无偿使用这些资源;②为学校、教师开发的个性化教育资源提供共享与有偿服务;③提供教育资源检索与发布服务;④支持名师课堂、名校网络课堂等服务。

教学交流与协作服务的主要内容包括:①为师生建立实名制认证的个人网络学习空间,提供基本的文件存储服务、个性化信息资源服务等;②提供学习小组空间组建服务;③提供课堂录像、电子书包、网络作业、网络答疑等课堂教学和网络自学的支持服务;④提供即时或非即时通信工具,为师生教学交流与讨论、教师网络备课与教研协作、家校交流等提供互动交流服务;⑤记录学生个人成长过程,提供个性化成果管理、学生自评等服务;⑥提供个人事务管理服务等。

5. 教育管理公共服务平台

教育管理公共服务平台是云管理服务平台,该平台为学校提供校务管理服务,为地方教育行政部门提供教育电子政务、教育基础信息管理和决策支持服务,为社会提供教育公共信息服务。

其主要内容包括:①满足学校日常业务管理要求的电子校务管理系统,支持学校管理全面信息化;②满足地方教育行政部门日常业务办理、监测监管的电子政务系统,支持教育行政部门管理全面信息化;③以教育基础信息数据库为基础,建立智能分析和决策支持系统;④基于教育基础信息数据库,为社会公众提供各类教育公共信息,为相关工作人员提供网上办公服务等。

1.2.4 国内外现状

翻阅国外教育信息化的相关研究资料,未发现有关"三通两平台"的表述。可能由于理解的差异,各国对于本国教育信息化的发展思路和展现形式不尽相

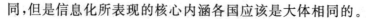

同,但是信息化所表现的核心内涵各国应该是大体相同的。

美国在 2005 年已经在农村的学校实现了 3：1 的人机比;英国在 2000 年实现了所有学校的宽带接入,中学人机比为 5：1,小学为 8：1。日本在 2003 实现了 99.5％的学校网络连接,韩国在 2003 年大约有 67％的学校实现了不低于 2M 的宽带连接。我国教育信息化虽然在近几年取得了飞速发展,但同发达国家相比,起步还是比较晚的。

随着科学技术和互联网的飞速发展,各个国家纷纷利用信息化手段大力发展各国的教育事业。美国在 2010 年从教学、评价等方面提出了全面推进教育信息化发展的目标。在 2011 年,美国更是把教育信息化作为国家发展知识经济竞争的创新战略。他们充分利用大数据为学习者提供更多的共享数据和信息。英国 2012 年特别增加了 1.6 亿英镑的教育经费预算,用于增加和改善教育信息化的基础设施建设,并发表教育信息化指南,用以指导学生和教师应用教育信息化。韩国 2011 年投入 20 亿美元,主要用于教师培训、电子教材的开发等服务,并且提出了"智慧教育战略"的教育信息化目标,力争在 2015 年全部实行电子书包。

为了缩短与发达国家的差距,我国 2012 年发布了《教育信息化十年发展规划(2011—2020 年)》,2013 年教育部进一步明确了以促进信息技术与教育深度融合为核心理念,以"应用驱动"和"机制创新"为基本原则的发展思路,并将"三通两平台"、教学点数字资源全覆盖以及教师培训等列为近期教育信息化工作的重点内容,为各地推进教育信息化明确了总体原则、方向和路径。2016 年 6 月,教育部颁布《教育信息化"十三五"规划》,规划总结"十二五"以来,以"三通两平台"为主要标志的教育信息化工作取得了突破性进展。全国中小学互联网接入率已达 87％,多媒体教室普及率达 80％。全国 6000 万名师生已通过"网络学习空间"探索网络条件下的新型教学、学习与教研模式。教育资源公共服务平台服务水平日渐提高,资源服务体系已见雏形。教育管理公共服务平台基本建成覆盖全国学生、教职工、中小学校舍等信息的基础数据库,并在应用中取得显著成效。规划提出,到 2020 年,基本实现各级各类学校宽带网络全覆盖和网络教学环境全覆盖,优质数字教育资源服务基本满足信息化教学需求和个性化学习需求,网络学习空间应用普及,实现"一生一空间、生生有特色",教育管理信息化水平显著提高。

1.3　"互联网＋"

　　"互联网＋"最早是由易观国际董事长兼首席执行官于扬在 2012 年 11 月易观第五届互联网博览会上提出的,他认为:"在未来,'互联网＋'公式应该是行业的产品和服务。"2014 年 11 月,李克强总理出席首届世界互联网大会时指出,互联网是大众创业、万众创新的新工具。2015 年 3 月,在全国两会上,马化腾提交了《关于以"互联网＋"为驱动,推进我国经济社会创新发展的建议》的议案。2015 年 3 月 5 日的政府工作报告正式提出"制定'互联网＋'行动计划,推动移动互联网、云计算、大数据、物联网等与现代制造业的结合,促进电子商务、工业互联网和互联网金融健康发展,引导互联网企业拓展国际市场,将'互联网＋'行动作为推动中国产业结构迈向中高端的重要部署,以协调推动经济稳定增长和结构优化"。2015 年 7 月 1 日,国务院印发了《关于积极推进"互联网＋"行动的指导意见》,将"互联网＋"定义为"把互联网的创新成果与经济社会各领域深度融合,推动技术进步、效率提升和组织变革,提升实体经济创新力和生产力,形成更广泛的以互联网为基础设施和创新要素的经济社会发展新形态"。

1.3.1　"互联网＋"的内涵

　　"互联网＋"是利用互联网的思维、技术对传统行业进行改造,它不是互联网与传统行业的简单叠加,不是一个传统行业建立网页、开通微信就是"互联网＋"。"互联网＋"通过对传统产业进行网络化、数据化改造,实现传统行业产业链的升级换代,推动其创新发展,形成以互联网为基础的全新产业形态。

　　"互联网＋"通过物联网、云计算、大数据与传统行业(如制造业、运输业、服务业等)进行创新融合,推动传统行业的新生态发展,创造新的经济增长点,为"大众创业,万众创新"提供技术环境支撑,促进产业智能化发展,提高产业效能。

　　"互联网＋"把互联网技术融入传统行业中,对传统行业的生产要素进行重新组合,从而引发生产方式和产业结构的变革。马化腾在 2015 年两会上,提交了《关于以"互联网＋"为驱动,推进我国经济创新发展的建议》的议案,在议案中,他对"互联网＋"的定义是"以互联网平台为基础,利用信息通信技术与各行业的跨界融合,推动产业转型升级,并不断创造出新产品、新业务与新模式,构建连接一切的新生态。"随着互联网技术的不断发展,未来所有的行业都会被互联网影响和改变,各行各业与互联网相融合是不可阻挡的发展趋势,新的供需关系随着"互联网＋"的融入将应运而生。

传统行业在"互联网＋"的大环境下,通过运用互联网技术,实现自我转型和产业升级。互联网将各个行业领域不同信息充分连接融合,联通产业链中的各个环节,形成新的生产模式和生产成果,促进各行各业获得巨大发展。

1.3.2 "互联网＋"对教育的重构

"互联网＋"对教育行业的强大影响力,本质上是对传统教育的底层重构,在尊重教育本质的基础上,用互联网思维和互联模式对传统的教师教学、学生学习、教学资源等进行重塑。

1. 教学从灌输到互动

"互联网＋"改变了传统的以教师为中心的授课模式,教师不再是获取知识的唯一来源。教师从教学的主导者变成学生学习的辅助者,教学从单向灌输知识向师生、生生互动模式转变。

2. 学生学习从被动到主动

传统模式下,学生需要按照学校的课程表到教室听课。"互联网＋"环境下,学生突破校园的局限,可以随时随地进行学习,真正体现学习的自主性。

3. 教学资源从封闭到共享

传统模式下,教育资源主要局限在校园这个物理空间里,满足固定人群的需求。互联网打破了空间束缚,"互联网＋"具有强大的存储和交互优势,能快速吸纳海量信息,并把这些信息存储在云端,跨越校园、地区、国家,覆盖到世界各个角落,从而实现教育资源的共享。

1.4 "互联网＋教育"

2015 年 11 月 19 日,时任国务院副总理刘延东在第二次"全国教育信息化工作电视电话会议"上强调,在"十三五"期间,要把握"互联网＋"潮流,通过开发共享教育、科技资源,为创客、众创等创新活动提供有力支持,为全民学习、终身学习提供教育公共服务。2016 年 2 月教育部印发《2016 年教育信息化工作要点》,将落实"互联网＋"、大数据、云计算、智慧城市、信息惠民、宽带中国、农村扶贫开发等重大战略对人才培养等工作的部署,作为做好教育信息化统筹规划与指导,加强教育信息化统筹部署的重点任务。在大数据、云计算、移动互联等技术优势的基础上,互联网席卷了各个传统领域,掀起一场改革的浪潮,"互联网＋"计划应用到教育领域,即为"互联网＋教育"。

以教育信息化促进区域教育均衡发展是信息时代教育发展的必然选择,"三通两平台"的建设目标是为了促进教育均衡发展,实现教育公平,整体提高我国教育教学质量。"三通两平台"建设是教育信息化基础建设,是"互联网＋教育"实现的重要支撑。随着"三通两平台"的实施,"互联网＋教育"思维开始重构教育模式,翻转课堂、微课、慕课等一批以"互联网＋教育"为基础的教学模式被引进课堂,改变了我们的传统教学模式,让课堂效率更高,教育个性化更强,最大化地为学生创造相对公平性的学习机会,在一定程度上促进了教育教学公平性的实施。

1.4.1 "互联网＋教育"的内涵

"互联网＋教育"的实质就是互联网与教育的相互结合,它的核心特征是以人为本,教育均衡发展。"互联网＋教育"改变了传统教育运作模式,突破地域的局限性,实现教育资源共享。"互联网＋教育"不同于早期的教育信息化。早期教育信息化是典型的"教育＋互联网"模式,是把互联网嫁接到传统教育上,是一种平移化的知识传播,并未促使教育形态发生实质性改变,教学质量也未显著提高。而"互联网＋教育"不再是对信息技术发展的盲目追逐,而是让教育不断地去适应互联网,用互联网思维来看待教育,让师生共同参与,从而促使教学组织形式到课程基本内容发生巨大变化。它是运用云计算、物联网、人工智能等互联网信息技术手段,跨越地域的界限,面向学习者个体,提供优质、个性化的教育服务模式。与传统的教育相比,"互联网＋教育"更加具有开放性、更加注重人、规模更大。

"互联网＋教育"的开放性,不单单是教育内容的开放,还有教育理念、教育形式、教育过程和教育评价的开放。互联网跨越时空的开放性特征,使得所有领域的教育资源都能够被便捷分享。学习者可以在全球性的广泛教育资源系统中,汲取所需的知识资源。云端通过监测学习过程掌握学习者的水平,动态推送有针对性的学习方案,实现个性化教学和因材施教。以大数据为基础的教育评价,更加重视过程性评价,由传统的成绩评价转变为以学生为主,关注学生的个

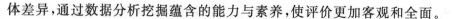

体差异,通过数据分析挖掘蕴含的能力与素养,使评价更加客观和全面。

"互联网＋教育"以人为本,在教育过程中重视体现人的主体地位,关注学习过程中的个人体验,突出人的价值,回归教育本真。它改变了传统配给制服务模式,让学习者根据自己的需要去自主选择,从而实现教育服务供给的个性化。通过个性化学习,最终实现教育机会公平。

"互联网＋教育"是受众广泛的大众教育。互联网将知识传播到世界各处,打破了传统教育由于地域空间等局限导致的课堂教学针对少数人的限制,更多的人通过互联网获得学习机会,通过不同的学习形式获取知识。从目前的发展状态来看,"互联网＋教育"的产品受益人群非常巨大,例如 MOOC(大规模在线开放课程)就是其中最为突出的形式之一。

1.4.2 "互联网＋教育"的特点

"互联网＋教育"是对传统教育手段的丰富,教育和科技相互扶持共同发展,通过对"互联网＋"的利用,教育得到了前所未有的创新,受教者和教育者都获得了更好的学习体验,用创新的观念去实践教育,改进教育手段,推动教育的进步。"互联网＋教育"的主要特点如下。

1. 学生地位主体化

"互联网＋教育"真正做到以学习者为中心,根据掌握的学生个性化差异以及需求,为学生提供多样化、内容丰富的学习方式。在学习过程中,学生是学习的主体,从被迫接受知识到主动探索知识,学习方式不再局限于课堂教学模式,以互联网为依托的翻转课堂、微课、慕课等多种形式的在线教学齐头并进;学生的学习地点不只是发生在教室,移动互联网和智能终端的普及,使得学生可以随时随地进行泛在学习。泛在学习是指学习者在信息技术支持下,在任何时间、任何地点进行任何知识的学习。泛在学习的本质特点是"以人为中心,以学习任务为焦点"的学习。师生面对面的讲授将不再是主要的学习方式,学生通过互联网获取知识,进入课堂进行实践、讨论、反思和运用成为主要的学习模式。

2. 教师角色挑战化

"互联网＋教育"对于教师来讲,意味着挑战。教师必须转变传统的教学理念和教学模式。互联网教育平台为学习者提供了海量的教育资源,师生可以同时短时间内获取相应的知识,教师不再是知识的权威者:首先,教师应该从知识的传授者转变为学生发展的引导者和促进者,在教学过程中,师生一起合作成长,教师更多的是培养学生的自主学习能力、团队合作能力、创新能力等;其次,教师应该成为课程的阐释者,要利用各种互联网媒介,加强对已有课程的理解,将各种已有的课程资源合理地引入课堂。另外,教师还应树立终身学习的观念,现在的学生被称为数字化时代的原住民,信息素养较高,教师只有不断加强学习意识,丰富教学组织形式,才能应对学生的各种提问,才能有能力做到因材施教。

3. 教育手段灵活化

"互联网＋"技术的发展,为教育手段灵活性提供了更多地可能。学生接受教育不再是局限在教室课堂上,而是可以随时随地利用智能终端进行学习,学习的内容也不再是仅仅局限于课本知识。随着 3D、VR、AR 等智能设备在教学领域的应用,学生的学习过程更加注重亲身体验式学习,玩与学同步进行,可以大大提高学生的学习兴趣。"互联网＋教育"充分发挥了云端功能,对数据和教育资源进行动态分配,为教育方法的智能化提供了强大的动力,使得教育手段更加灵活多样。

1.4.3 "互联网＋教育"的教学模式

随着互联网、云计算、大数据等信息技术在教育领域的应用,应运产生了翻转课堂、慕课、微课、云教学平台等一系列的"互联网＋教育"的教学模式。

1. 翻转课堂

翻转课堂又称为反转课堂式教学模式,分为课前和课中两部分。在信息化环境下,学生在课前通过教学平台观看基于教学目标制作的视频、音频、电子书等学习资源,完成课前的自主学习,并进行有针对性的练习;课堂上,师生、生生之间一起完成作业答疑、重点解析、互动交流、合作探究等活动的一种新型教学模式。翻转课堂主要有以下几个特点:首先,从教学过程来看,翻转课堂主张先学后教,学生通过自学后带着问题进入课堂;其次,从师生角色来看,教师由知识的传授者变成了学生学习的引路人,学生由被动地接受知识变成了主动的探索知识;最后,从教学技术手段来看,翻转课堂通过网络平台把传统的线下课程与现代的网络课程相整合,形成 O2O 的学习模式,充分调动了教师和学生的积极性。

2. 微 课

微课是以教学视频为载体,围绕某个知识点(重点、难点、疑点)开展的教与

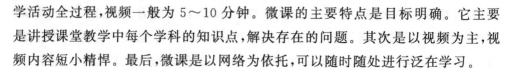

学活动全过程,视频一般为 5～10 分钟。微课的主要特点是目标明确。它主要是讲授课堂教学中每个学科的知识点,解决存在的问题。其次是以视频为主,视频内容短小精悍。最后,微课是以网络为依托,可以随时随处进行泛在学习。

3. 慕课

慕课(MOOC)是大规模在线开放课程(Massive Open Online Course)的简称。M 即 Massive,特指大规模,学习人数众多,学习规模巨大;O 即 Open,特指开放共享,通过免费注册,向全国乃至全世界开放丰富的学习资源,开放学习者的眼界;O 即 Online,特指在线,即学习和教学主要通过网络方式进行,交流与互动都是通过网络、线上进行;C 即 Courses,特指课程,即能通过网络教学模式开展的教学课程,在该模式下,课堂教学和学生学习能够完整、系统地在线实现。慕课的主要特点首先是高度的互动性。交互式教学是慕课与传统网络课程的一大区别。在教学过程中,教师与学生之间、学生相互之间的互动频繁。学习便捷性是慕课的又一特点。学习者主体,教师、网络共同主导这样一个全新的"双主"关系。学习者的学习地点、学习时间以及学习方式没有固定要求。学生学习的过程能够实现完整呈现,在线评价系统能够及时对学生的学习情况进行评价,帮助学生了解自己学习的情况。慕课的最后一个特点是受众广泛性。"慕课"向社会公众传播文化,普及教育资源。学习者只要在网上注册、登录,就可以按照自己的兴趣和需求选择学习的课程。来自不同国家、不同文化背景的学生在网络世界可以实时参与一个共同的学习任务和课程项目。现在一门"慕课"所授学生数目可能比以往一名教师几十年教授学生数目的总和还要多。

4. 云教学平台

云教学平台是在网络环境下,利用手机、移动终端等智能设备在课堂内开展互动教学的平台。教师在云教学平台上完成备课、课堂授课、课堂提问、布置作业等教学活动,学生课前和课后在云平台上完成预习、复习、练习等自主学习活动,家长利用云平台及时掌握学生成长和发展过程中的动态数据。教师、学生、家长三大群体共同参与教学活动。

云教学平台可以帮助学校建立统一的信息平台,对学校内的各种信息系统进行有效整合,从而实现学校各种信息的共建共享。

第2章 翻转课堂

2.1 翻转课堂的定义

翻转课堂是相对于传统的教学模式而言的。翻转课堂(Flipped Class Model)是指在信息化环境下,学生在课前完成基于教学目标制作的视频、音频、电子书等学习资源的观看和学习,在课堂上,师生一起完成作业答疑、重点解析、互动交流、协作探究等活动的一种新型的教学模式。

2.2 翻转课堂的产生与发展

翻转课堂的思想最早起源于 19 世纪初美国西点军校的维纳斯·萨耶尔(Sylvanus Thayer)校长的一套教学方法,在课前,学生通过教师发放的资料对教学内容进行提前学习,课堂上则开展小组间协作和讨论进行教学活动。

哈佛大学物理学教授埃里克·马祖尔(Eric Mazur)在 1991 年就指出,计算机在未来的教学中会起到巨大的作用,它将给教师提供一个动态工具,从而提高教育质量。通过实践创立了一种他认为能使教学更有活力的教学方法——PI(Peer Instruction)教学法。他认为学习分为两个步骤,首先是知识的传递,然后是知识的内化。计算机辅助教学可以帮助教师完成知识传递,从而将重心放在吸收内化上,指导学生间的互助学习。这一观点成为翻转课堂的重要理论基础,翻转课堂的独特之处就是知识的传递与知识内化的颠倒。

2000 年,美国莫林拉赫(Maureen Lage)、格伦·普拉特(Glenn Piatt)和迈克尔·特雷格拉(Michael Treglia)在迈阿密大学讲授"经济学入门"课程中尝试引导学生在课前自学传统教学中由教师在课堂上教授的内容,课堂上在教师的指导下通过学生协作讨论完成传统教学中本应由学生课后完成的内容。这种教学模式已具备了翻转课堂的基本形式。但是,他们没有提出翻转课堂的概念。

同年，在第 11 届国际大学教与学研讨会上，韦斯利·贝克博士（J. Wesley Baker）首次提出了"翻转课堂"这一概念，指出课堂翻转可以实现教师角色的转变，使用网络课程管理工具让教师成为学生身边的指导，而非知识的传播者。并提出他的翻转课堂模型：教师使用网络工具和课程管理系统制作学习内容，在课前上传至网络作为分配给学生的家庭作业；课堂上，教师参与到学生的主动学习活动和协作中，并进行答疑解惑，加强知识的内化。至此，"翻转课堂"作为一个独立概念正式被提出。

尽管，翻转课堂的理论与实践在 2000 年左右已经成型，但是，由于学生课下可以利用的视频资源缺乏，制约了其发展。2004 年，孟加拉裔美国人——萨尔曼·可汗（Salman Khan）通过互联网对侄女进行数学辅导，讲得生动有趣，概念清晰，其侄女的数学成绩提高神速。可汗将自制教学视频上传至 Youtube 网站，这些视频在网络上被更多的人观看学习，也让可汗意识到学生借助网络视频教学自主设定学习速度，在课堂上巩固所学知识的优势所在。此后，萨尔曼·可汗在家里录制了超过 1500 小时的讲座，内容覆盖数学、物理、金融、生物、经济等学科。2006 年 11 月，Youtube 上可汗学院（Khan Academy）频道开通，日均观看超过 7 万人次。接下来，更多的人与资金投入到视频制作之中，网络资源被更多的教师引入日常教学，翻转课堂也受到了媒体与教育者更多的关注与讨论。

2007 年，美国科罗拉多州落基山的一个山区镇学校"林地高中"的两名化学老师乔纳森·伯尔曼（Jon Bergmann）和亚伦·萨姆斯（Aaron Sams）尝试用录屏软件将 PPT 讲稿和教师实时讲解音频录下来制作成视频，并将这些视频上传到网络上，供学生下载或在线播放，以此帮助课堂缺席的学生补课。随后他们逐渐以学生在家观看视频听讲解为基础，在课堂上对疑难问题进行答疑和完成作业。他们发现这种"学生回家自学，课堂上解决问题"的方式对教学产生了积极的影响，并且学生也很喜欢。两位老师因为出色的课堂教学获得了"数学和科学教学卓越总统奖"。"翻转课堂已经改变了我们的教学实践。我们再也不会在学生面前，给他们一节课讲解 30～60 分钟。我们可能永远不会回到传统的方式教学了。"这对搭档对此深有感慨。翻转课堂，不仅改变了小镇高中的课堂，随着它的推广和应用，有更多的教师开始利用在线视频来在课外教授学生，回到课堂的时间则进行协作学习和概念掌握的练习。2011 年，加拿大的《环球邮报》将翻转课堂评为影响课堂教学的重大技术变革。

为了帮助更多的教师理解和接受翻转课堂的理念和方法，2012 年 1 月 30 日在林地公园高中举办了翻转课堂"开放日",让更多的教育工作者来观看翻转课堂的运作情况和学生的学习状态。这种做法促进了翻转课堂教学模式的推广。

乔纳森·伯尔曼和亚伦·萨姆斯于 2012 年创建了开源的翻转学习网。经过两年的实践,他们于 2014 年 4 月公布了对翻转学习的定义:翻转学习是一种教学方法,它把直接教学行为从小组学习空间转移到个别学习空间,而小组学习空间则变成一个动态的、交互的学习场所,在这个场所,教师引导学生将概念应用于实践和创造性参与主题学习。翻转学习是对翻转课堂的进一步引申与发展,其学习内容不再局限于教材与大纲,学习的主导权更多地由教师向学生转移。

"翻转课堂"的出现,颠覆了传统的教学流程,它将"知识传递"的过程放在课前,从"先教后学"转变为"先学后教",实现了知识内化的提前。其主要表现有以下几个方面。

1. 学生主体地位得以凸显

翻转课堂模式下,学生在课前观看教师的视频讲解,并且能根据自身情况来安排和控制自己的学习。学生可以在课外轻松的氛围中观看教师的视频讲解,而不必像在传统课堂上教师集体教学那样紧绷神经,担心遗漏内容或因为分心而跟不上教学节奏。回到课堂上,学生积极向教师及同学提出疑问,成为课堂的主体。

2. 促进师生的良性互动

翻转课堂最大的好处就是全面提升了课堂的互动,由于教师的角色已经从内容的呈现者转变为学习的指导者,教师和学生有足够的时间进行内化知识的课堂活动,教师有时间回答学生的问题,参与到学习小组中,并对每个学生的学习进行个别指导。学生之间也可以相互学习和借鉴,彼此帮助。

3. 促进学业基础夯实

通过大数据分析,教师有效掌握学生的问题,并给予即时帮助,从而使学生的学业基础得到最大程度的夯实。

2.3　翻转课堂的特点

"翻转"的含义体现在对传统的"课上知识吸收、课下知识内化"的教学流程

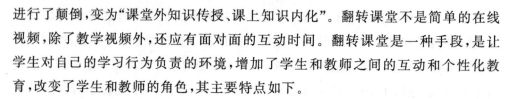

进行了颠倒，变为"课堂外知识传授、课上知识内化"。翻转课堂不是简单的在线视频，除了教学视频外，还应有面对面的互动时间。翻转课堂是一种手段，是让学生对自己的学习行为负责的环境，增加了学生和教师之间的互动和个性化教育，改变了学生和教师的角色，其主要特点如下。

1. 教学模式的翻转

翻转课堂颠覆了传统的"教师课上讲授＋学生课下作业"的教学模式，其知识传授环节是在课堂外完成的，学生需要在课前学习教学视频，并对学习中遇到的问题进行记录，完成相关作业。课堂上，就学生没有学懂的知识点和作业完成时遇到的困惑，师生共同探究和解决，这样更能激发学生的学习欲望和兴趣。学习视频可以反复看，有利于学生夯实课本基础知识。同时，翻转课堂环境提供了丰富的教学信息，大量的课外延伸学习资源有利于拓展学生的视野、提高学生的综合素质。学生可以根据自己的学习能力选择额外的学习任务，真正实现分层教学和个性化发展。

2. 师生角色的变化

翻转课堂的另一大特点就是教师不再是单纯的知识传授者，而成为学习活动的策划者，指导和促进学生的学习。学生从被动接受知识变为课堂上真正的主角，能够自主进行知识的学习和探究。在课堂学习中，并不是学生完全自由的讨论，而是在老师的引导下，开展深入知识内化的活动，教师与学生交谈，回答学生的问题，参与到学习小组中，对每个学生的学习进行个别指导，实现了以学生为中心的因材施教和自主学习。

3. 教学视频的灵活性

学生课外观看的教学视频是翻转课堂的重要支撑，它是针对特定的知识点制作的，一个视频讲解一个知识点，目标清楚，知识点清晰，时间一般不超过 10 分钟，便于学生集中注意力。学生观看视频的节奏完全由自己掌握，可以随时暂停、回放，弥补了传统课堂教师上课的不可复制性，可以方便学生在自主学习过程中记录学习笔记、仔细思考学习内容，在课堂外观看教学视频不仅使学习变得轻松，还便于复习和巩固学习内容。这样的教学视频不仅操作灵活，而且在学生学习的时间、地点、方式上也体现出了灵活性，学生可以随时、随地、随处学习。

2.4 翻转课堂的理论基础

翻转课堂的理论基础是翻转课堂得以有效发展的理论依据,是指导翻转课堂实践与发展的指南。翻转课堂作为信息技术支撑下的一种新型课堂模式,其理论基础涉及掌握学习理论、建构主义学习理论、学习风格理论等多个方面。

2.4.1 掌握学习理论

1. 掌握学习理论的定义

掌握学习理论(the Theory of Mastery Learning)是由美国当代著名教育心理学家和课程论专家芝加哥大学教育系教授本杰明·布卢姆提出的。掌握学习理论是指只要给予足够的时间和适当的教学,几乎所有的学生对几乎所有的内容都可以达到掌握的程度(通常能达到80%~90%的评价项目)。学生学习能力的差异不能决定他能否学习要学的内容和学习的好坏,而只能决定他将要花多少时间才能达到该内容的掌握程度。布卢姆指出:如果按规律进行教学,如果能在学生面临学习困难的时候和地方给予帮助,如果为学生提供了足够的时间以便掌握,如果对掌握规定了明确的标准,那么所有学生事实上都能够学得很好,大多数学生在学习能力、学习速度和积极的学习动机方面会变得十分相似。在总结前人研究的基础上基于自己的教育理论,布卢姆提出为"掌握而教"的思想,进而提出掌握学习理论。他认为只要让学生具备各种条件,每个学生都可以掌握所要掌握的内容。布卢姆的掌握学习理论是在卡罗尔学习理论的基础上发展而来的。他吸收了卡罗尔提出的学习理论中的五个变量,进一步为掌握学习理论构建出模型,并在自己的教学实践中得到印证。这五种变量包括:学习时间、学习毅力、教学质量、理解教学的能力和能力倾向。这五种变量相互影响,最终影响学生的学习效果。

2. 掌握学习理论的核心思想

掌握学习理论的核心思想是大多数学生能够掌握我们所教授的事物,教学的任务就是要找到使学生掌握所学学科的手段。作为教育者要勇于质疑传统的教学思想,改变传统的认为学生的学业成绩正态分布的思想,树立新的学生观。布卢姆认为学生的学业成绩分布是完全可以改变的,他提倡的是一种新的学生观,相信学生在一定方法的引导下,大多数学生可以学好专业知识和有更高的学习动机的积极性。

掌握学习理论主张,只要在教学过程中,提供给学生恰当的材料、必要的帮助和充分的学习时间,大部分学生(90%以上)都能够完成学习任务。掌握学习理论充分肯定了学生的潜能,强调了给予学生适度的帮助和充分学习时间的重要性。

在翻转课堂的教学模式下,学生可以充分利用课后时间,根据自己的情况开展学习,有利于学生顺利完成学习目标。同时,在翻转课堂教学模式下,学生通过课前学习,可发现问题;而在课堂教学活动中,教师进行有针对性的个别辅导,可以极大地提高教学效率。

2.4.2 建构主义学习理论

1. 建构主义学习理论的定义

建构主义学习理论最早是由瑞士心理学家皮亚杰在研究儿童认知发展的基础上提出来的。皮亚杰认为,儿童对外部世界的认知是通过与周围环境的相互作用中逐渐建构的。建构主义理论是指学习者通过同化与顺应两个过程来与外部环境进行相互作用的。同化是学习者将外部信息内化到自己原有的认知结构中;顺应则是学习者改变自己的原有的认知结构(即个体的认知结构因外部刺激的影响而发生改变的过程)。平衡是指学习者个体通过自我调节机制(同化与顺应)使认知发展从一个平衡状态向另一个平衡状态过渡的过程。建构主义理论强调学生对知识的主动建构,十分关注以原有的经验、心理结构和信念为基础来建构知识,强调学习的主动性、社会性和情景性,对学习和教学方法提出了许多新的观点。

2. 建构主义学习理论的核心思想

知识的获得是建构的,而不是接受传输而来的,这就是建构主义学习理论的核心思想。在知识观上,建构主义理论认为,知识是人们对客观世界的一种解释或者假设。在具体问题的解决过程中,需要个体对原有知识进行加工和改造。知识的理解是学习者基于自身的经验背景而建构起来的。在教师观上,建构主义理论认为,教师是学生建构知识过程中的辅导者、合作者。教师应该充分考虑学生主体作用,努力培养学生的自觉意识和元认知能力。应当充分激发学生的主动性,引发学生积极的学习动机,真正成为学生建构知识的辅助者。在学生观上,建构主义理论认为,学习者已经具有了一定的知识经验基础,对事物有着自已的观点和看法。学生是自己知识的建构者,是学习活动中的真正主体。教师应当对学生进行适当地引导,使学生从原有的经验出发,生长出新的学习经验。

3. 建构主义学习理论的基本要素

建构主义学习理论认为学习是学习者在与环境交互作用的过程中主动地建构内部心理表征的过程。知识不是通过教师讲授得到的,而是学习者在一定的情境即社会文化背景下,通过人际间的协作活动,利用必要的学习材料和学习资源,同过意义建构的方式获得的。情境、协作、资源构成了建构主义学习理论的三要素。

建构主义理论强调学生对知识的主动建构,这与翻转课堂强调学生学习的主动性是有异曲同工之妙的。

2.4.3　学习风格理论

1. 学习风格理论的定义

1954 年美国学者哈伯特·赛伦(Herbe Thelen)首次提出"学习风格"这一概念。邓恩夫妇认为学习风格就是学生集中注意并试图掌握和记住困难的知识和技能时所表现出来的方式,包括学习者对学习环境的选择、情绪、对集体的需要以及生理的需要。Reid 将学习风格定义为学习者所采用的吸收、处理和储存新的信息,掌握新技能的方式,这种方式是自然的和习惯性的,不会因为教法或学习内容的不同而发生变化。学生的学习风格因人而异,每个学生都会根据自己的学习风格采用适合自己的学习方式,学习风格影响着学生学习的效率与质量。

2. 学习风格的类型

Grasha-Reichmann 将学生的学习风格分为:依赖型学习者、合作型学习者、独立型学习者。依赖型学习者倾向于依赖教师的指导,合作型学习者在小组合作学习中能够学得更好,独立型学习者则更适合自主学习。

科尔布根据学习者获取和加工信息的方式把学习者分为同化型(Assimilators)、聚合思维型(Covergers)、发散思维型(Divergers)、顺应性(Acccmmodators)四类。在信息获取方面,聚合型和顺应型学习者通过具体的经验来获取信息,而同化型和发散型学习者通过抽象化观念思维来获取信息。在加工信息方面,聚合型和顺应型学习者通过积极的实验来加工信息,而同化型和发散型学习者通过观察与反应来加工信息。

翻转课堂非常重视和强调学生学习的充分自主性,在线学习环境和学习资源的设计对不同认知风格的学生将会有非常显著的影响。

2.5 翻转课堂的构成要素

翻转课堂主要由微视频、教学环境和教学活动三部分组成。

2.5.1 微视频

翻转课堂的教学资源由各种教学短片构成,一般不超过10分钟,其内容以知识点为单位,着重进行新知识讲解,强调片段化和碎片化,呈现形式重视知识与思维的可视化与动态展现,便于网络学习与传播。

2.5.2 教学环境

多媒体及网络提供支撑师生开展教学活动、管理教学过程的环境,提供教学分析、评价及诊断功能。教师通过数据分析,发现课程视频的某个环节或知识点,被学生反复浏览和点击,了解到这可能是一个对学生来说难以掌握的知识点,或者自己的讲解有问题,据此调整教学计划。

2.5.3 教学活动

翻转课堂创新了课堂教学活动的空间,把知识传授的过程放在教室外,让大家选择最适合自己的方式接受新知识,把知识内化的过程放在教室内,以便同学之间、同学和教师之间有更多的沟通和交流。

2.6 翻转课堂教学模式

2.6.1 翻转课堂教学模式的理解误区

随着信息技术的高速发展,传统的教学模式远远不能满足现今社会对人才发展的需求,在信息化环境下,一种新的教学模式——翻转课堂教学模式应运而生。翻转课堂作为一种新兴的教育模式,近几年无论在美国还是在中国都引起

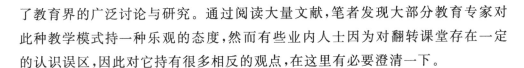

了教育界的广泛讨论与研究。通过阅读大量文献,笔者发现大部分教育专家对此种教学模式持一种乐观的态度,然而有些业内人士因为对翻转课堂存在一定的认识误区,因此对它持有很多相反的观点,在这里有必要澄清一下。

1. 视频替代说

谈到翻转课堂,人们的首先印象就是让学生观看教学视频,把翻转课堂当作教学视频的代名词。翻转课堂的实质是有效的面对面的学习活动,教学视频只是课前的辅助工具。

2. 教师替代说

有些人认为在翻转课堂教学模式下,可以用视频替代教师,学生不需要教师的指导。在翻转课堂教学模式下,只是教师的角色发生了改变,从传统教学模式下课堂的主宰者,变成引导学生学习的引路人。教师将之前需要在课堂上花费大部分时间讲的知识点在课下以微视频的形式呈现给学生,课堂时间则用来指导学生和小组的学习和探究。因此,无论是课下还是课中环节,教师的作用都无法用视频取代。

3. 在线课程说

把翻转课堂当作在线课程。在线课程是教师与学习者、学习者与学习者面对面交流的机会减少,教师不能通过现场观察来了解学习者的学习情况,而只能依赖于网络教学平台。而在翻转课堂教学模式下,在线学习只是课下教师与学生交流的平台,而知识的内化则要在课堂交流环节中实现。

4. 学生孤立说

大部分持质疑态度的人认为在翻转课堂教学模式下,学生一直盯着电脑屏幕,进行孤立的学习,没有交流和互动。其实在翻转课堂教学模式下,学生虽然需要通过电脑、手机等移动终端来进行课前学习,但在课堂上,教师主要以学生小组讨论或教师解疑为课堂组织形式,因此,在翻转课堂教学模式下,学生与学生之间、教师与学生之间实现了更广泛的互动。

2.6.2　传统课堂教学模式与翻转课堂教学模式的对比

传统课堂与翻转课堂的区别主要体现在教师和学生角色、课堂教学方式、课堂教学内容、课堂时间分配几个方面,如表 1-1 所列。

表1-1　传统课堂与翻转课堂的区别

模式 方面	传统课堂	翻转课堂
教师角色	知识的主宰	知识的引导者
学生角色	知识的被动接受者	主动学习者
课堂教学方式	课堂讲解＋课下练习	课前学习＋课堂探究
课堂教学内容	知识传授	问题探究、知识内化
课堂时间分配	大部分时间教师讲解	大部分时间师生探究学习

传统课堂与翻转课堂最大的区别就是师生角色的转变。传统课堂上，教师主宰着知识和课堂，学生在课堂上成为"静听者"，这种教学模式一直主宰着当今的课堂教学，它对当今的教育产生了深远的影响，然而它却扼杀了学生对知识主动探究的好奇心。翻转课堂上，学生成为学习的真正主人，在课前通过各种途径完成知识的学习，对知识有一定的理解，在课堂上针对课程主题与同学、老师一起研究学习中的问题。教师成为学生思想的引导者、学习的促进者。

传统课堂的教学方式是课堂讲解加课下练习，知识的吸收和内化是由学生在课下通过练习完成的，但是由于缺乏教师和同学的协作，学生在这阶段往往会感到挫败，打击了学习的积极性。翻转课堂的教学方式是课前学习加课堂研究。教师通过在线的反馈了解学生学习困难的地方，在课堂上进行有针对性的辅导，同时同学之间的交流更有助于知识的内化。

传统课堂的教学内容主要是教师讲授知识，教师在课堂上只是为了教学而教学，知识的传授和讲解成为一切教学活动的中心，学生被动地接受知识。传统课堂仅仅从知识的生产过程和生产结果来讨论知识。翻转课堂的教学内容则主要是进行问题探究和知识内化，把学生作为知识的真正认知主体，学生主动进行知识的探究。

在课堂时间分配方面，传统课堂与翻转课堂迥异。在传统课堂里，课堂大部分时间由教师进行知识的讲解。而在翻转课堂里，课堂的大部分时间被用来进行师生、生生的探究性协作学习。

2.6.3　翻转课堂教学模式的实施步骤

随着云技术、平板电脑、智能手机等技术在教育领域的深入运用，以及美国林地公园高中的翻转课堂教学模式实施的成功，翻转课堂教学模式影响到了国

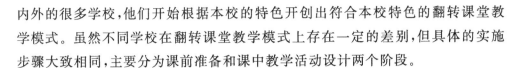

内外的很多学校,他们开始根据本校的特色开创出符合本校特色的翻转课堂教学模式。虽然不同学校在翻转课堂教学模式上存在一定的差别,但具体的实施步骤大致相同,主要分为课前准备和课中教学活动设计两个阶段。

1. 课前准备

课前准备阶段涉及教师和学生两方面的活动。

(1) 教师活动

教师首先做好课程安排,明确教学目标,制作教学视频等教学资源。教学视频是翻转课堂教学模式的重要部分,但在制作教学视频时,要确定教学内容是否适合通过教学视频的形式讲授,如果不适合,那么就不要因为要实施翻转课堂而去使用视频,教学内容的表现手段和形式可以多样化,要适应不同学生的学习方法和习惯。基于翻转课堂的教学平台要能够支持多种形式的教学资源的发布。

(2) 学生活动

教师通过对教学内容的分析,把传统课堂上要讲授的教学内容用教学视频或其他形式推送给学生,在一定程度上节约了课堂时间。学生在课前观看教学视频等教学资源,并根据自己的实际学习情况对教师推送的内容做适时的停顿,完全掌控自己学习的步调。在此过程中,学生遇到不懂的地方可以做笔记,把自己不懂的问题带到课堂,并对讲授的知识做一定程度上的梳理和总结,明确自己的收获和感到疑惑的地方。

学生观看完教学资源后需要完成教师布置的课堂练习。这些练习是教师针对教学资源中所讲的知识,为了加强学生对学习内容的巩固并发现学生的疑难之处所设置的。让学生做练习的目的是帮助学生利用旧知识完成向新知识的过渡,加深对教学资源中知识的巩固与深化。学生还可以通过支撑翻转课堂的教学平台与同学及教师之间进行互相交流和互动解答。

2. 课堂环节

课堂环节是整个学习流程的重点部分,它有两个重要作用,一个作用就是学生知识的内化。建构主义学派认为,知识的获取是学习者在特定的情境下通过人际协作活动完成意义建构的过程。翻转课堂让学生在课前准备环节依靠教学视频等教学资源自学知识,让学生把潜在意义的新知识和自身认知结构中的相关已有知识建立实质性的联系,课堂上通过小组讨论、交流互动等方式灵活应用,逐步内化新知识。另一个重要作用是反馈信息。教师根据课堂上同学间、师生间交互的过程以及结果,对课前的教学资源以及教学目标进行反思对比,根据

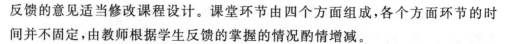

反馈的意见适当修改课程设计。课堂环节由四个方面组成,各个方面环节的时间并不固定,由教师根据学生反馈的掌握的情况酌情增减。

(1) 确定问题,交流解疑

学生在观看教学视频的过程中,由于个体的知识结构、看问题的角度不一样,因此对事物的理解也会不同。在课中活动的开始阶段的交流中,教师需要针对学生所观看的教学资源,以及通过网络交流平台所反映出的问题进行答疑。学生也可以提出自己在观看教学资源中所存在的疑惑点,与教师和同学共同探讨。

(2) 合作交流,内化知识

学生在课前活动阶段,已建立了自己的知识体系。但是需要通过交流合作,完成知识的深度内化。美国著名学习专家爱德加·戴尔通过自己的实验证明,团队学习、合作学习和参与式学习的效果可以达到50%以上。

翻转课堂的课堂形态为学生分成小组,学生与学生之间通过课前阶段所学,与同伴交流自己对知识的理解。教师在各个小组之间巡视,并适当地参与学生的探讨。当学生在讨论中遇到问题时,教师给予及时的帮助,引导学生澄清对知识的错误认知。在此过程中,学生的批判性思维、课堂参与能力和对待学习的态度发生很大的改变,真正把学生推到学习的主体地位。当学习本身成为学生自身需要的时候,学生就会成为真正的学习的主人,变"要我学"为"我要学"。教师也从传统的知识传授角色转变为学生学习的引导者和促进者。

(3) 成果展示,分享交流

学生在经过合作交流后,完成小组的成果,并对成果进行展示。在成果展示过程中,学生可以通过教师与学生的点评对知识获得更深的了解。同时可以通过观看其他小组的展示,学习到他人的优点,明确自己的优势与不足。在学生展示环节,教师要为学生创设一个民主、平等、和谐、自由的课堂环境,并能够适时调控学生学习的进程和发展方向。

(4) 信息反馈,集中答疑

教师根据汇总的学生学习信息制定有针对性的教学计划,调整教学进度。对学生集中出现的疑难点、问题统一讲解,最后对知识点进行有针对性的补充讲解。再由学生针对自己的学习情况进行提问,教师或者其他学生进行解答。

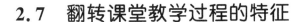

2.7　翻转课堂教学过程的特征

翻转课堂的教学过程有两个明显特征,即知识传递和师生互动。

2.7.1　知识传递特征

翻转课堂将传统意义上的课堂内和课堂外的教学进行颠倒,在本质上是知识传递的固有方式发生改变,它的教学过程与其他课堂相比,最明显的不同就是知识传递特征。

传统课堂教学的教学过程是课前预习—课堂教学—课后复习、作业,在课前预习阶段缺乏教师有效的指导,搞不清教学的重难点,学生预习完全依赖于学生的自我意识。在课堂教学阶段,教师依照教学大纲讲解重要的知识内容,主要以陈述性知识为主,并布置必要的课后作业作为强化练习。在课后复习作业阶段,学生被动地完成作业,缺乏积极主动的探索学习意识,程序性知识和策略性知识的学习效果没有得到最大化激发。

翻转课堂将传统意义上的课堂内和课堂外的教学进行颠倒,知识传授一般由教师提供教学视频等教学资源,学生在课前观看教学资源。课中学生在教师的指导下,进行独立探索和协作学习,并分享交流学习成果,主要以程序性知识和策略性知识学习为主。翻转课堂将传统课堂教学过程中知识传授和知识内化的过程颠倒,知识传授通过信息技术手段辅助在课前完成,知识内化则在课堂中经老师和同学的协助完成,提高学生学习效率,帮助学生完成知识内化吸收的最大化。

2.7.2　师生互动特征

课堂师生互动是教师和学生在课堂情境中进行的相互影响和相互作用,它是衡量教和学的效果的一种方式。新课改倡导互动式教学来促进学生的学习,让学习者在互动的社会情境中获得理解,在和同伴的交流合作中学习知识。

在传统课堂中,教师始终处于课堂的中心,主导和引领课堂教学的有序开展。翻转课堂颠倒了课内和课外的教学活动,表明上看似是"课上"和"课下"时间的颠倒,本质上教学方式却发生了重大转变。在翻转课堂中,教师是学生学习的指导者,随时准备和学生探讨其在学习过程中遇到的各种问题,必要的时候需就个别问题给学生提供个性化的学习辅导。在"课上"以学生活动为主,教师作为学生学习的指导者,为师生之间的深度互动创造了非常有利的条件。

2.8　翻转课堂的典型案例及分析

2.8.1　国外应用案例

1. 美国石桥小学的数学翻转课堂

2011 年,美国明尼苏达州斯蒂尔沃特市石桥小学五六年级开始了翻转课堂试点计划,学生回家根据自己的学习进度在家观看 10～15 分钟的教学视频,并接受 3～5 个问题的测验,看他们是否理解教学内容,测验结果能够及时反馈给学生。教师通过 Moodle 平台跟踪学生的学习过程,通过反馈找出学生的疑难点,确定课堂教学中的目标。在课堂上,学生在教师的指导下,采取自主的或者合作的方式对问题进行讨论解答,从而实现新知识的巩固和提高。学校的教师和管理人员相信翻转课堂能帮助不同水平的学生的学习需求,能满足他们的个性特点,收到了很好的教学效果。

2. 美国高地村小学的降压教室

美国高地村小学进行的翻转课堂更加地灵活生动,他们允许学生携带电子设备进入课堂,诸如电子书、笔记本和智能手机等。除此之外,他们还推陈革新,将原本呆板的教室变成了舒适的"星巴克教室",传统教室的一排排整齐的桌椅不见了,取而代之的是圆形桌子、舒适的沙发和软垫椅,以及一排电脑终端。如此舒适的环境,带给学生的是家的温馨感受。校方表示这样的设计是源于学生的想法,他们希望在教室中能够更加放松,从而有助于降低学生的学习压力,而且学生更愿意在这样的宽松环境中学习,积极参与到课堂讨论中,表现也越来越好。

3. 加拿大穆斯乔草原高中的适时翻转课堂形式

加拿大萨斯喀彻温省穆斯乔草原高中的雪莱老师采用的是选择性翻转课堂的形式,她没有对每堂课都采取翻转的形式进行教学,而是有选择性地开展,她认为课堂时间的释放,对于教师是一个巨大的机会,特别适合探究性学习。她在学生需要新的信息时才使用翻转的形式,她发给学生的视频是引起学生的好奇心、启发学生思考的简短片段,主要目的是激发学生的学习兴趣,引发学生思考。她的教学方式让学生有更多的时间进行自由学习和探索实践。

4. 加拿大哥伦比亚内部高中的数学翻转课堂

2011 年哥伦比亚内部高中的约翰逊老师在自己的数学课上实施了翻转课堂教学。学生课前在家中先看教师录制的 10～20 分钟的针对教材知识点的教学视频;之后进行与该视频内容匹配的相应测验;学生做完测验后可通过教师发布的资源包来进行拓展性学习,期间可通过 Moodle 平台与教师或者同学讨论学习和测试的结果;课堂上,教师在具有液晶投影仪、交互式电子白板和 iPad 设备的教室中进行疑难问题讲解,之后教师再布置适当的拓展性问题,并对学生的解答给予评价。Moodle 平台实现了教师对学生学习状况的监控和生生、师生直接的交流互动。投影仪、交互式电子白板、iPad 等硬件设施为翻转课堂教学的实施提供了技术环境支撑。

5. 美国伟谷州立大学的数学实验课翻转课堂

美国伟谷州立大学的罗伯特教授将翻转课堂应用到了数学实验课程中。罗伯特教授的翻转课堂分为课前和课堂两个阶段。课前,学生在博客上开展自主学习。教师把有关课程内容介绍的主题视频以及与学习主题对应的知识和能力方面的学习资源上传到博客,学生申请博客,然后观看主题视频来了解课程内容,利用学习资源进行自主学习。之后通过完成相应的练习来巩固学到的知识,同时按照教师要求将完成的任务提交到博客上,教师进行自主学习的评价和检查。课堂上,教师首先通过针对性的小测试了解学生对基本知识的掌握情况,然后解答学生在课前学习的过程中遇到的问题。最后以小组为单位进行与主题相关的实验,在此过程中教师给予有针对性的指导。

2.8.2　国内应用案例

1. 深圳南山实验教育集团的"三步五环"翻转课堂模式

2012 年 8 月,以麒麟中学数学教研组的"翻转课堂"实验课为标志,深圳南山实验教育集团启动了"翻转课堂"的探索。集团进行了云计算环境下的翻转课堂实验研究与微视频设计探索。课前学生根据云教学平台上教师准备好的视频、微课进行学习,之后完成与视频内容匹配的教学检测题,学生的测验结果存储在云教学平台;课堂上教师进入到云教学平台检查学生的学习情况,根据测验情况汇总分析对有代表性的问题和难点进行重点讲解,然后布置新的教学任务,供学生进行检测和拓展提高。南山实验教育集团提出了翻转课堂的"三步五环节"基本模式:"三步",即学生课前自主学习微视频、做进阶练习、学情分析;"五环节",即梳理知识、聚焦问题、合作学习、综合训练、反馈评价。

2. 重庆聚奎中学的"四步五环"翻转课堂模式

重庆聚奎中学在 2011 年引入翻转课堂教学模式,它的翻转课堂是基于平板电脑和云服务平台开展的,主要由课前和课堂两大环节组成。聚奎中学是一所住宿制的学校,它一方面借鉴美国翻转课堂教学模式,另一方面结合本校特点,探索出适合该校的"课前四步骤,课中五环节"的翻转课堂基本模式。课前四步骤包括教师课前制作教案、创作教学视频、学生自主学习、教师了解学生学习情况。课中五环节包括合作探究、疑难解析、巩固练习、自主纠错、反思总结。学生的课前环节主要是在统一的晚自习时间内进行。教师提前把制作好的教学资源放到校园云平台上,学生根据第二天上课的内容,在教室内自由安排时间观看教学资源。教学资源主要包括教师制作的与知识点讲授相关的视频以及教师归纳的疑难问题的答疑和一些经典练习题。课堂环节的前半部分,教师根据学生课前阶段所观看的教学资源布置习题,之后,教师公布作业的答案,学生自行对照答案检查自己的作业,然后进行小组内讨论,互相答疑。组内难以解决的问题由组长记录整理后提交教师端,教师根据云平台汇总的学生学习信息调整教学进度,对学生集中出现的疑难问题进行统一答疑;再由学生针对自己的学习情况进行提问,教师或其他学生进行解答。通过翻转课堂这个特殊的教学模式精确地告诉学生学什么、如何学,指定要学习的内容以及如何证明他们学到了什么,改变了知识的传递方式和教师、学生的角色。

3. 山东昌乐一中的"二段四步十环节"翻转课堂模式

山东昌乐一中从 2013 年开始尝试翻转课堂,他们整合学校现有的硬件和软件资源,自主开发以微课为核心的教学资源及"阳光微课"数字化学习平台,将数字化、信息化运用于常态化教学,打造出适用于全部学科的"二段四步十环节"的翻转课堂模式。"二段"是指"自学质疑课"和"训练展示课"两种课型;"四步"是指教师备课的四个步骤:课时规划、微课设计、两案编制、微课录制;"十环节"是指与两段对应的学生学习的十个环节,其中"自学质疑课"包括"目标导学、教材自学、微课助学、合作互学、在线测学"五个环节,"训练展示课"包括"疑难突破、训练展示、合作提升、评价点拨、反思总结"五个环节。"自学质疑课"是学生通过学案导学进行自主学习后,再借助教师录制的微课、小组合作等措施学习新知识的过程。"训练展示课"是针对"自学质疑课"中各组汇集的疑难和在线测试的反馈情况,展开集体讨论,然后是个人练习、小组合作、展示点评、反思总结等环节,它是知识吸收与掌握的内化过程,核心是展示知识应用、完成疑难突破、知识构建和认知发展。昌乐一中翻转课堂的"自学质疑"和"训练展示"形成了一个完整循环的学习体系,"教材＋微课＋学案"形成了校本特色,配套的教学管理体系,实现了教学过程的翻转和信息化。

2.8.3　应用案例分析

综合国内外一些典型案例,我们不难发现他们其实存在很多共同点。

1. 课堂内外结构翻转

翻转课堂倡导的是将学生的学放在第一位,知识接受的主动权交还给学生,学生成了学习的主体,将知识的传授放在课前,而知识内化则由课堂内师生面对面完成,国内外的案例都遵照了这一教学结构,努力共创学生自主学习,教师将教学内容以资源的形式交给学生,学生在课前通过自主学习掌握基本的课程内容,同时发现问题,提出疑问,课堂上通过交流讨论解决疑问,并从交流中获取新的理解从而完善自己对知识的学习。在整个学习的过程中,教师重点指导的是教学环境,为学生提供相关基础知识的资源,参与交流和讨论,引导学生解决疑难,完成教与学的过程。

2. 以信息技术作支撑

翻转课堂教学模式的发展离不开信息技术环境的支持,翻转课堂的教学平台是翻转课堂教学过程实现的基础。一个好的教学平台既要承载视频课件的"桌子",还要能支持多种形式教学资源的发布,支持学生的学习反馈,更是一个轻松的"聊天室"。学生与学生、教师与学生都能依附这个平台,实时进行交流互动,充当生生、师生交流的介质。同时,教学平台还是一个"训练场",学生观看完课程资源后,完成平台提供的相关练习,平台会立即反馈练习结果,学生根据反馈情况决定是否再次学习本课内容,及时纠正错误的理解。教师通过平台上的统计信息,及时了解每位学生对本课知识的掌握情况以及全班学生的整体学习情况,进而帮助教师调整教学进度,确定教学的重点,从而更好地安排教学活动。

3. 以学生能力提高为目的

翻转课堂教学模式的目的就是提升学生的能力。课前学生的自主学习可以帮助学生养成良好的自学习惯。教师在此环节中只是给出学习资料,学生自己安排学习时间,利用学习资源,完成学习任务。在这个过程中,学生的自控能力、分配时间能力、自主学习能力等都得到了锻炼。课堂上生生、师生之间的交流讨论过程不仅解决了学生的疑问,同时也锻炼了学生的交流能力、沟通能力、表达能力。小组间的合作过程,锻炼了学生的协作能力、团队合作能力、组织能力、解决问题的能力等。

4. 以个性化学习为主导

翻转课堂的教学模式强调以学生为主,无论是在课前,还是在课堂上,学生都能够依据自身情况,设定自己的学习步调,不必将就不同程度的学生,真正实现了分层次学习。学生在学习过程中遇到疑问时,利用信息技术手段及时与教师进行交流,得到有针对性的指导。教师根据学生的学习反馈,布置不同的任务,将教学中"学生为中心"的教学理念落到实处,真正实现了个性化学习和因材施教。

5. 结合本土,因地制宜

研究翻转课堂的最终目标是探索一种适用的教学模式,结合现有模式的优势,形成适合本土实际的有效模式。信息技术是翻转课堂的依托,学校要具备相应的信息化设备和教学平台来支撑翻转课堂的实现。翻转课堂改变了教师的角色和授课方式,给教师带来了巨大的冲击和挑战。教师理念的"翻转"至关重要,教师只有更新理念,认识到学生是学习的主体、课堂的中心,才能真正实现课堂的翻转。翻转课堂的实施,需要教师具备一定水平的信息技术素养和课堂管理能力,教师需要运用自己的专业知识分析教学目标,利用信息技术手段制作教学资源。课堂上教师应具备高水平的课堂组织能力和管理能力。学校应针对教师开展各类业务培训,促进教师专业能力的发展。

2.8.4 翻转课堂对推动教育公平的作用

翻转课堂中学生利用信息技术在课下习得新知识,在课堂上小组讨论、合作探究,有针对性地探讨问题、完成作业和内化知识。翻转课堂体现了"合分统一"的教学模式。新课程标准强调教育要"以人为本",面向全体学生,为了每一位学生的发展,承认个体的潜能和差异的同时注重个性发展,给不同学生的学习提供具有差别性和多样性的课程设计,使不同的学生得到不同的发展。

翻转课堂课上细化分层教学,体现了第一课堂的公平性。在课前,教师收集不同层次学生学习任务的完成情况,了解不同层次学生习得知识的疑难点,合理设计不同层次学生的教学目标。在课堂上,依据学生的性格特点、学习风格、认知水平进行小组划分,使不同特点的学生在"合作探究"的过程中,发表自己独特的见解,进行小组间交流学习,从而使得每个层次的学生在相互讨论中解决一部分疑难问题。最后,教师有针对性地解决学生最难理解的问题,帮助不同层次的学生在原有的基础上有所提高。

课下统一教学任务,体现了第二课堂的公平性。翻转课堂要求学生在课下进行课前内容的探知,在课下学习时,学生有必要统一了解问题的新知,明确学习知识的导向,了解自己的薄弱环节,确保在"第一课堂"带着问题进行高效学习。

教育强调"以人为本,是以学生为本,以学生的全面发展为本,以全体学生的全面发展为本"的教育理念。翻转课堂正是从教育活动中"以人为本"的观点出发,既确保了学生"第一课堂"分层教学的公平性,又确保了学生"第二课堂"统一教学的公平性,在差异教学中追求各自的最大发展,在个性发展中追求学生的全面发展,体现了教育的公平性。

第3章 微 课

3.1 微课的定义

微课是以教学视频为载体,围绕某个知识点(重点难点疑点)开展的教与学活动的全过程,视频一般为5~10分钟,具有目标明确、针对性强和教学时间短的特点。微课的学习不受时间和空间的限制,从而弥补了课堂教学的不足,更好地体现了学生的主体性。微课时间较短,符合学生的"注意力模式",能够使学生集中精力学完某一知识点。微课能够为学生提供丰富的资源,集多种素材于一体,声形并茂、形式多样,充分调动学生的积极性,激发学习兴趣,使学生对学习产生极大的内驱力,进而提高学习效果。学生通过微课根据自身学习需要自行选择学习内容,既能巩固知识,也能加强对知识的理解,最大限度地体现了个性化教学。

3.2 微课的产生与发展

微课的雏形最早见于美国北爱荷华大学 LeRoy. A. McGrew 教授所提出的60秒课程以及英国纳皮尔大学 T. P. Kee 提出的一分钟演讲。McGrew 教授希望为大众普及有机化学常识,由于现有的有机化学教材篇幅长需要花很多精力去学习,所以 McGrew 教授提出了60秒课程。他将60秒课程设计成概念引入、解释和结合生活案例三部分内容。Kee 认为学生应当掌握核心概念以应对快速增长的学科知识与交叉学科的融合,因而提出让学生进行一分钟演讲,并要求演讲须做到精炼,具备良好的逻辑结构且包含一定数量的例子。Kee 认为一分钟演讲在促进学生学习专业知识的同时能掌握学习材料之间的关系,以免所学知识孤立、片面。2008年由美国新墨西哥州圣胡安学院的高级教学设计师、学院在线服务经理 David Penrose 提出的"微课程"与现今中小学的微课更为贴近。他认为微型的知识脉冲(Knowledge Excavation)只要在相应的作业与讨论的支持下,就能够与传统的长时间授课取得相同的效果。Penrose 将微课程建设分为五个步骤:①归纳出课堂教学中试图传递的核心概念,这些核心概念构成微课程的核心。②写出一份 15～30 秒的介绍和总结,为核心概念提供上下文背景。③用麦克风或网络摄像头录制以上内容,最终的节目长度为 1～3 分钟。④设计能够指导学生阅读或探索的课后任务,帮助学生消化吸收课程材料的内容。⑤将教学视频与课程任务上传到课程管理系统。Penrose 所提出的微课程概念以网络课程的形式存在,有可能为现实课堂的教学模式提供一种新思路。

在我国,广东省佛山市教育局胡铁生率先提出了以微视频为中心的新型教学资源——"微课"。胡铁生提出微课的资源构成用"非常 4+1"来概括。"1"是指微课的最核心资源,即一段精彩的教学视频(一般为 5 分钟左右,最长不宜超过 10 分钟),这段视频应能集中反映教师针对某个知识点、具体问题或教学环节而开展的精彩教与学活动过程,教学形式和教学活动地点可以多样化(不一定局限在教室或课堂上)。"4"是要提供 4 个与这段教学视频(知识点)相配套的、密切相关的教与学辅助资源,即微教案(或微学案)、微课件(或微学件)、微练习(或微思考)、微反思(或微反馈)。这些资源以一定的结构关系和网页的呈现方式"营造"了一个半开放的、相对完整的、交互性良好的教与学应用生态环境。胡铁生认为,只有那些满足教师与学生需求,并且具有半结构化、动态生成的教学资源才具有活性,能够提高微课程资源的利用率。胡铁山把微课程定位为传统课堂学习的一种补充与拓展。

3.3　微课的特点

微课是教师自行开发、时间在 10 分钟左右的微小视频,它有明确的教学目标,内容短小,主题明确,源于教师的教育教学实际,能够为学生提供丰富的资源,并帮助学生理解学习中的关键点和难点,为教学带来了极大的灵活性,解决了教学中的棘手问题。微课不仅是一种工具,更是一种教师成长的新范式。其主要特点如下:

1. 目标明确、主题突出

微课主要是为了解决课堂教学中某个学科知识点,或是反映课堂某个教学主题的学与教活动。主要用于学生课前预习、课后复习。与传统课堂上需要完成众多复杂教学目标而言,学习目标更加明确、主题更加突出、内容更加精练。

2. 短小精悍、视频为主

微课程的主要资源是视频教学片段。根据视觉驻留规律和中小学生的认知特点,视频片段一般控制在 10 分钟左右,符合学生的"注意力模式",能够使学生集中注意力学完某一知识点。与传统的 45 分钟课堂相比,资源容量较小、短小精悍、时间紧凑。

3. 依托网络、使用方便

微课的视频格式一般为支持网络传输的流媒体格式,学习资源一般以文本、图片为主,便于网络呈现。学生可以利用电脑和各类移动电子设备进行学习、查阅学习课件,实现巩固学习、自主学习的目的,更好地体现了学生的主体性。

3.4 微课的理论基础

微课的应用过程设计是以一定的理论基础为依据的,其相关的理论基础主要包括建构主义理论、个性化学习理论和微型学习理论。

3.4.1 建构主义学习理论

建构主义学习理论认为学习是一个主动获取知识的过程,需要学生在一定的学习情境下,借助他人的帮助和学习资源,结合自身的知识经验,进行意义建构,从而最终获取知识。它强调以学生为中心,满足学生的个性化需求,从而达到因材施教的目的。建构主义学习理论认为教学中所创造的"情境"要尽可能地接近现实,让学生能通过"同化"或"顺应"两种不同的方式,达到意义建构。

在传统的课堂讲授模式中,教师很难兼顾到所有学生的基础、偏好和接受能力等,而且在课堂上难以重现与生活相近的"情境"。微课的应用可以很好地弥补传统课堂的不足,它以微视频的方式给学生创设接近现实生活和真实的学习情境,能够轻松地感染学生的情绪,使学生情绪与学习情境产生共鸣,促进学生对知识的认知与意义建构。同时,微课以数字媒体的形式呈现,可以让学生根据需要在课后多次利用微课资源,自主学习所需的知识,从而达到更有效的意义建构。

3.4.2　个性化学习理论

个性化教育是当代国际教育思想改革的重要标准之一。联合国教科文组织在 1972 年发表的《学会生存》的报告中亦把促进人的个性全面和谐发展作为当代教育的基本宗旨。个性化学习是针对学生个性特点和发展潜能而采取恰当的方法、手段、内容、起点、进程、评价方式,促使学生各方面获得充分、自由、和谐的发展过程。

个性化学习理论强调,学习应建立在尊重个性特点的基础上,以学生为主体,针对不同学生的学习风格、偏好、基础和发展潜能等,选取恰当的学习内容,采取合适的学习方法和学习手段等,促进学生充分、自由而全面地发展。个性化学习强调学习过程的终身性,以及学习方式的多样性。

微课的教学目的是围绕教学过程中的某个知识点进行讲授和解惑,其主要目标就是个性化学习。微课资源能够满足学生的需求,让学生可以充分利用微课资源学习,满足发展需求,实现终身化学习。微课运用于传统课堂教学中,能够在各个教学阶段发挥不同的作用,营造自主式、合作式与探究式等学习方式的氛围,实现学生的全面发展。

3.4.3　微型学习理论

微型学习理论是奥地利学者马丁·林德纳提出的,他认为学生可以通过手机、iPad 等微型终端有计划地学习微内容,并通过这种学习方式完成知识与技能的学习任务。微型学习的学习时间灵活、分散,能够进行基于片段化的学习内容学习,学习过程中可以利用多样化的媒介形式。网络技术的日益发展促进信息交换的即时化,从而促进微型学习形式更加多样化和个性化。

在移动网络、移动文本等媒介环境的支撑下,学生置身于学习单元微小、学习时间简短、学习内容经过了碎片化处理的数字化环境中,这种学习方式就是微型学习。在微型学习理论指导下,构建信息化、碎片化的微课资源,将微课应用于课堂教学中,与传统讲授式教学互相融合,能让学生在短小的时间内,聚焦有效的学习内容,激发学生的学习兴趣与学习动机,使得课堂的教学效果更优。课后,学生可以利用零散的时间,灵活地选择微课进行查缺补漏,实现对知识的充分掌握,从而达到个性化的发展。

3.5　微课的典型案例及分析

3.5.1　微课在国外的教学应用

通过查阅文献,我们发现国外的微课通常是以卡通动画、电子黑板、专家演讲等多样化的形式呈现的,视频资料还配有讲授旁白和相应的文字字幕,便于学习者进行网上学习。国外选择运用微课的教学科目多为数学、科学等理科课程。

可汗学院的翻转课堂实际也是微课的一种,它充分利用网络传输的便捷,从最基础的知识内容开始,每段课程影片长度约为 10 分钟,按照由易到难的进阶方式互相衔接。在可汗教学视频中,没有渲染的画面,也看不到主讲老师,主讲人在一块触控面板上面用不同颜色的彩笔演示,并通过录屏软件将他所画所说的东西全部录制成影片,然后传送到网络上,供学习者观看学习。可汗学院通过一段段短小简练的视频传授关键知识点,让学习者能够在短时间内通过反复收看来掌握知识点,从而解决学习中的实际问题。

微课在国外发展迅速,但也存在许多的问题。首先微课的结构和组织形式不尽相同,有些微课是根据课堂教材组织制作的,有些微课是通过电视等媒体工具录制讲解内容后整合的。其次,微课的运用方式较为集中,大部分微课程用于学生学习或者教师培训等方面。最后,微课程的深度还不够,制作者在资源拓展方面考虑不够。

3.5.2　微课在国内的教学应用

在新课改的背景下,我国不同地区的一线教师和教研员纷纷致力于微课程的研究。

广东省于 2010 年建设了"广东省名师网络课堂",通过对教师和学生进行的需求分析,建设了以 15 分钟为一个单位的微型课程。该名师课堂以专题学习的方式整合相关学习资源,以增强学习的针对性。

佛山市开展的"微课"建设主要以基层教育为主,侧重突出章节的重点和难点,课程涵盖了小学、初中和高中,点击学习人数超过几百万人次。胡铁生老师主持的研究课题《中小学"微课"学习资源的设计、开发及应用研究》被立项为全国教育信息技术研究"十二五"规划重点课题。教育部教育管理信息中心在第四届全国中小学"教学中的互联网应用"优秀教学案例评选活动中把"微课"纳入评选项目。随后在 2012 年 9 月—2013 年 6 月举办了首届全国中小学教师微课大赛,该活动收到了来自 15 个省、市、区的 7 万多名教师上报的优秀参赛微课作品超过 20000 件,内容覆盖各学科各学段重、难点内容,类型多样,表现形式丰富。该活动目前已举办了三届,由教育部教育管理信息中心主办。2012 年 12 月—2013 年 10 月由教育部全国高校教师网络培训中心主办的"全国首届高校微课教学比赛"掀起了全国高校微课建设的第一波高潮,此次大赛以推动高校教师交流和教学风采展示平台为宗旨,分为文史、理工、高职高专三大类,共有 1600 多所高校参赛,参赛选手大 12000 多名,比赛要求每位选手提交的参赛微课作品限为1 件,所以参赛作品总数也为 12000 多件,作品表现形式多样、类型丰富,涉及学科多达 32 个学科大类。

国内对微课的研究重心主要放在微课征集评选和促进教师专业发展上。对微课的研究还有待进一步深化,对微课的建设还需进一步的系统化和规范化。

3.5.3 微课研究的文献分析

在中国知网以"微课"为关键词进行检索,可以看出微课研究起源于 2011 年,相关文献仅有 2 篇,2012 年发展缓慢,相关文献有 4 篇,从 2013 年开始稳步发展,2016 年达到鼎盛,相关文献有 5323 篇。微课的研究方向主要有微课的设计、微课的应用等。

在中国知网以"微课设计"为关键词进行检索,截止到 2016 年共有文献 214篇,微课设计研究的文献起源于 2013 年(仅 4 篇)。从内容上,微课设计主要涉及微课资源设计、微课设计思路探讨以及具体课程的微课设计。在 2013 年,有关微课的研究主要停留在理论探究阶段。南京大学梁乐明通过对国内外有代表性的微课网络学习资源的设计进行对比,构建了能有效促进学习的微课程设计模式,包括前端分析、微课程要素与设计、评价与反馈等环节。西北师范大学黄建军认为微课的教学设计应该包括选题设计、时间设计、教学过程结构设计、资源设计和教学语言设计。从 2014 年开始有关微课设计的具体方案研究逐渐增加。有研究者认为微课的设计开发还应包括微课容量的设计、微课程内容的设计、微课程学习对象的设计以及学习过程中的互动活动设计。伴随研究的不断深入,微课的研究已经由最初的视频片段向具有教学设计意义的微课发展。

目前,微课的应用研究大致分为三类:一是研究微课程对教师能力的提升,

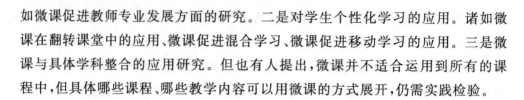

如微课促进教师专业发展方面的研究。二是对学生个性化学习的应用。诸如微课在翻转课堂中的应用、微课促进混合学习、微课促进移动学习的应用。三是微课与具体学科整合的应用研究。但也有人提出，微课并不适合运用到所有的课程中，但具体哪些课程、哪些教学内容可以用微课的方式展开，仍需实践检验。

3.6 微课对教育公平的影响

微课作为一种资源形态对教育公平具有促进作用。目前微课已经从最初的碎片化的教学资源逐步发展成系统的微课教学资源。各地微课建设，教师积极参与其中，实现资源的共建共享，极大地促进了教育公平。翻转课堂的诞生地——美国洛基山林地高中最初是将可汗学院的一些"微课"应用在化学课中，以保证那些因不能按时前来上课的学生在课余时间能够补习。从教学实施过程来分析，微课在翻转课堂中充当了不可或缺的要素。伴随着物联网、云计算的不断发展，随时随地学习成为一种重要形态，而微课以其"短小精悍"的特征使学习更加灵活地发生。

微课促进教师专业发展，从而促进教育公平。信息技术推进教育信息化，微课的建设对教师的能力有了更多的考验。教师不仅要懂得本学科的教学内容，还要具有相应的信息素养，能够快速学习新的技能，更新教育理念，更好地适应教育信息化要求。因而微课能促进教师专业发展，提高教师整体素质，促进教育公平。

第4章 慕 课

4.1 慕课的定义

慕课即 MOOC,是大规模在线开放课程（Massive Open Online Courses）的简称。M,即 Massive,特指大规模,学习人数众多,学习规模巨大;O,即 Open,特指开放共享,通过免费注册,向全国乃至全世界开放丰富的学习资源,开放学习者的眼界;O,即 Online,特指在线,即学习和教学主要通过网络方式进行,交流与互动都是通过网络、线上进行。C,即 Courses,特指课程,即能通过网络教学模式开展的教学课程,在该模式下,课堂教学和学生学习能够完整、系统地在线实现。

慕课最早出现于 2008 年,是美国教授戴夫·科米尔用来描述西蒙斯和唐斯教授开设的"关联主义与联系知识"所提及的。该课程原本为 25 个校内自费学生开设,同时也向全世界爱好者免费开放。该课程开设不久便发现,有来自全世界数十个国家的将近 2300 多个爱好者参与了该课程的学习。2012 年,斯坦福大学 Sebastian Thrun 教授和 Google 研究主管 Peter Norvig 主讲的人工智能导论,Andrew Ng 教授的机器学习导论和 Jennifer Widom 教授的数据库导论等三门计算机相关教程也开设了免费线上课程,更是吸引了全球超过 190 个国家的 16 万多个爱好者同步学习。受此启发,Sebastian Thrun 教授尝试研究一套教学方法,并最终启动了 Udacity(中文对应为优达学城)。斯坦福大学教授 Daphne Koller 与 Andrew Ng 合作创建了 Coursera。Coursera 作为一个全免费的、大量名校教授课程视频汇集的网站,旨在与世界顶尖高校合作,向全世界爱好者提供免费的大学网络课程。该网站不仅汇集了海量的国内外名校教授在线课程,还能够为求学者提供考试、家庭作业等功能模块。同年,麻省理工学院和哈佛大学联合创办了 Edx 平台,更是有力推动了慕课的发展。Edx 作为一个大规模的免费在线学习网站,不仅吸引爱好者在网上学习,更是将教育机构也吸纳进来。截至 2014 年 3 月,共有 32 所教育机构参与到 edX 学习平台,Alexa 的网站排名也上升到全球 6000 位左右。自此,慕课用来指代高校、个人以及商业公司参与的在线课程的行动。2012 年 3 月,慕课的主要代表之一,Coursera 更是宣布其五门课程进入美国教育委员会系统,课程学分也得到大学的承认,这标志着慕课正式进入高等教育系统,慕课的风潮更是席卷全球。

总体而言,慕课不仅仅是纯粹的教学或者自学,而是包含讲授、讨论、作业、评价以及回馈等一系列教学过程,融合教师讲授与学生学习为一体的综合教学过程。在整个课程教学过程中,通过将教师的计算机同学生的计算机进行网络连接,一方面便于教师直接观察并掌握学生的学习状况,另一方面也便于学生掌握新知识、了解自己的学习效果等内容,并能够获得相关的学习反馈。

慕课作为网络在线教育的最新形态,能够将社交服务、在线学习、大数据分析和移动互联等多种理念融于一体,向用户提供大规模的免费在线高等教育服务以及生动的学习体验。"慕课"的各种特点和优势已经引起政府教育管理部门、教育机构、教育投资商、教育工作者等的广泛关注,并吸引他们投身到"慕课"建设中来。

慕课的推广应用工作,在西方发达国家获得了较快的发展,目前已经形成Coursera、Udacity、Edx 等三大主流学习平台,在网上教学、课程推广等方面形成较大影响。这三大学习平台能够提供模块化在线材料,能够播放简短的视频片段,能够开展教学互动问答等交互活动,还能够通过网上论坛让学生展开讨论,辅助学习,实现教与学的互动。除了以上三大学习平台提供的视频授课以外,慕课的实际教学,还包括很多博客、网站、社会网络等网络媒体资源,能够提供大量来自世界著名高校的丰富课程资源,吸引了世界各地的学习者共同在线学习;并能够在专业教师带领下,实现在线无障碍、无距离地远程学习。

4.2　慕课的特点

4.2.1　高度互动性

交互式教学是慕课与传统网络课程的一大区别。在教学过程中,教师与学生之间、学生相互之间的互动频繁。一是师生互动。在课堂上教师对学习者提问进行集中答疑,以一对多形式进行互动;授课教师还提供每周两小时左右的论坛在线时间与学生开展交流,课后测试通过客观题与学习者进行一对一形式的实时互动交流。由于先进网络技术的支持,教师可以看到学习者的笔记、问题,对其学习效果有清晰的了解,可以更有针对性地解答学习者的问题。二是生生互动。学习者之间进行合作学习是"慕课"的主要学习方式。在授课过程中,将学习者分为若干小组,以小组为学习单元,每个小组研究一个主题。在完成任务过程中,充分调动每个成员的积极性,讨论学习主题、交流学习知识。对于不懂的问题,小组成员可以相互交流,也可以询问授课教师以及助教。学习者在线下可以通过微信、微博、论坛等形式交流遇到的问题。学生之间的互动频繁。

4.2.2 学习便捷性

慕课学习的便捷性主要体现在学习的自主性以及灵活性两个方面。慕课教学方式彻底颠覆了传统教学"教师主导、学生遵从"的关系,充分体现为学习者为主体,教师、网络共同主导这样一个全新的"双主"关系。在课前,学习者搜集学习资料、观看课程视频、阅读相关材料、完成习题,为上课做准备。在上课过程中,学习者自己选择学习方式,标注笔记,自主选择重点。在课下,对于不懂的问题通过论坛、邮箱、微博等方式进行讨论。学习者充分发挥学习的自主性,教师只发挥引导、辅助的作用。

慕课的教学与学习是在线的,每节慕课都是由十几分钟的短视频组成。教学中大量采用图片、视频等,教学灵活多样,激发学生兴趣,加深学生对所学知识的理解。在慕课学习模式下,学习者的学习地点、学习时间以及学习方式没有固定要求。学习者可以利用自己闲散的时间,以自己喜欢的方式,开展自助学习。学生学习的过程能够实现完整呈现,在线评价系统能够及时对学生的学习情况进行评价,帮助学生了解自己学习的情况。听过的课程能够投放到网上,帮助学生循环观看学习。如果学习者对某个知识点没有完全掌握,还可以采用回放的方式,再次学习该知识点直至完全掌握,学习具有较大的灵活性。

4.2.3 受众广泛性

基于互联网的普及、移动技术的迅速发展,慕课受众非常广泛。广泛性主要体现在课程的开放性以及规模性上。所谓开放性,即向一切人开放,任何人都可注册,进入资格没有严格限定。学习资源具有开放访问权限,不需要任何费用。学习者只需在网上注册、登录,按照自己的兴趣和需求选择学习的课程。来自不同国家、不同文化背景的学生在网络世界实时参与一个共同的学习任务和课程项目,学习体验跨越地域的限制,延伸至全球。课程没有学习者人数的限制,具有显著的规模性。规模性一方面是指课程学习者的数量庞大,另一方面也指课程资源覆盖范围广。课程资源涵盖全世界高校优质的教育资源,学习者来自全世界各个国家。美国高等教育记事开展一项针对 103 位"慕课"教授的调查,结果显示每门课程平均有 33000 个来自世界各国的学生注册。据统计,仅麻省理工学院的"电路与电子"一课就有超过 160 多个国家的 15 万学生报名。现在一门慕课所授学生数目可能比以往一名教师几十年教授学生数目的总和还要多。慕课向社会公众传播文化,普及教育资源,教育的社会服务职能得到更好地实现。

4.2.4　课程免费性

慕课的宗旨是"开放教育资源,使所有人都能接受教育"。慕课课程是各大学联合开设的网络学习平台,免费提供优质课程。任何学习者只要注册之后即可享受来自世界知名大学教授的讲授以及其所研究专业领域的前沿理论知识。相对于传统大学课堂须缴纳高昂的学费,学生可以节约很大的经济成本。并且,由于跳出本来学校以及教师的圈子,接受世界范围内的专业知识,学习者视野更广,理论也更先进。

慕课合作高校在网上开设特定课程,注册者可以在线跟从课程的学习,无论是即时提问、提交作业以及最后的参加考试,这些都是免费的。也可以在课下观看高校录制好的视频(高校课程的制作团队制作好课程之后,将其上传)。在整个课程学习中,学习者无须缴纳任何费用(除为获取特定的证书或学分外)。只有真正的免费才能实现高等教育的真正开放。不花任何费用就能享用世界范围的优质教育资源,这是慕课的最大优势,也是慕课为高等教育带来的巨大改变。搜集资料,做好充分准备,课上与老师积极互动,课下与其他学习者交流,能够加深对所学知识的理解。课程每周设置一个主题,课程目标细分为一个个小任务,学习者在学习中完成一个个的小任务,进而完成总的学习目标。

4.3　慕课与微课的区别

微课是信息技术在传统教学中的一个重要补充形式,是以阐释某一知识点为目标、以短小精悍的在线视频为表现形式,是以学习或教学应用为目的的在线教学视频。微课是专为辅助教学设计,且时长多为 5～15 分钟的短小视频。视频内容多为具体知识点或者其某一方面,且与学生的课堂学习紧密联系起来,主要面向在校学生,并协助教师加深学生对知识点的理解、巩固知识学习的一种方式;微课具有明确的目的性和针对性。

微课与慕课作为两种传统教学的辅助形式,都是对传统教学方式的一种重要补充,二者都能够帮助爱好者在闲暇时间开展学习活动,进行自我提升,但二者也存在着较大差别,这主要体现在学习的完整性、知识的系统性、学习评价、学习侧重点、学习时间长度等几个方面。一是学习的完整性方面。微课主要用于课堂教学中的补充教学或者学习者课后自学;慕课则是一个完整的学习过程,是学习者在网上系统学习课程,学习过程中有学习活动、师生交互、学习指导、布置作业等。二是知识的系统性方面。微课是学习零碎的知识点,知识点之间联系不强,缺乏系统性;慕课则是一个系统的、完整的教学过程,知识之间具有衔接性。三是学习评价方面。微课只是讲解知识点,没有对学习效果的检查环节,缺少评价的途径与方法;慕课则可以通过作业、考试对学习效果进行评估,通过考试后可颁发学习证书。现在国内外正在探索慕课学分认证的相关事宜,期待不久后,各大高校能够实现学分互认。四是教学侧重点方面。微课强调内容短小,知识点要求能够单一明确;而慕课则强调师生的交互性,以学生为中心,注重挖掘出学生的自主学习能力。五是学习的时间长度方面。微课学习时间短,通常是 5～15 分钟,把一个知识点讲解明白就算结束;慕课则是由一系列课堂组成,时间跨度比较长。

4.4 慕课在国内外的发展现状

4.4.1 慕课在国外的发展现状

慕课发源于美国,从文献资料中可以看出,国外对慕课的研究主要在关注慕课中教师和学习者的体验以及学习方法和学习评价等方面。慕课发展的第一个阶段被称为"CMOOCs 阶段"(连通性大规模开放式线上课程),它是基于同伴学习和社会学习模型建立起来的,课程的录制和制作都是专业学者利用网上开放资源平台进行的。这个阶段相对来说较为短暂,在这之后是"XMOOCs 阶段"(基于内容的大规模开放式线上课程阶段),它以在线课程为基础,包括教学视频、测评和测评信息传送。

在慕课平台上,最新的课程都是典型的以周为单位的教学结构。学习者可以在可支配的时间学习相关课程,有的课程还附带测试、短视频、参与者分享的文件和供参与者讨论的在线论坛,这样的课程主要以同伴学习模型为基础。除了异步在线学习,课程还为学习者提供同步在线学习的机会。

目前慕课的教学结构可分为课程视频、测评、论坛、读物、实时视频会议这五部分。慕课的课程视频的呈现方式多样,有的视频只拍摄授课者脸部特写,有的视频则拍摄授课者的全身以展示他的身体语言。课程提供字幕服务,录像的时长一般是 5～10 分钟,而且录像一般会内嵌小测试。测评分为自动评分和同伴间的任务测评。论坛是学习者发布问题、其他学习者回答问题的平台,一般由一般性讨论、特点论题的讨论、课程反馈等组成。大部分慕课所需要的读物都可以通过在线资源获取或者由授课者提供,一般不需要学习者购买书籍。实时视频会议为学习者提供与授课者进行实时交流沟通的机会。

Al-Atabi 等认为慕课给学生提供了一个可以取得职业能力学习成果的平台,它提供了促使学生合作学习的工具,也给学生提供了能改善职业能力的重要方面。Chacon-Beltaran 的研究表明,使用慕课的一个主要领域是外语学习,慕课提供的技术使得在外语学习领域获取更多经验成为可能。慕课教学中发现的新的学习环境如隐性学习、远程学习、自主学习、材料设计、学习策略等,也可以为教学活动提供非常适合语言学习的条件和语境。

美国的国家科学基金会、比尔和梅琳达·盖茨基金会及高校和研究机构都进行了课程应用及相关的研究。美国国家科学基金会支持的研究项目范围主要包括 edXMOOC、慕课课程的设计与应用、慕课学习成效研究等。比尔和梅琳达·盖茨基金会积极促进慕课发展,所资助的项目主要有 MITx 翻转课堂模式研究、美国教育委员会的慕课研究、伊萨基战略与研究部的慕课研究等。此外,该基金会还支持了众多高校在慕课平台上进行慕课建设并从不同的角度进行研究,比如怎样使基础课程更多地参与到慕课中,如何使课程更大范围地被学习者获取,怎样将慕课用于课堂教学等。

2014 年,欧洲高校联盟对 249 所院校从对慕课的反应及认同态度、教师对慕课的态度、慕课的决策研究、慕课的开课情况和慕课研发五个方面进行了调研,从调查结果来看,大部分高校及其领导对慕课持谨慎乐观态度,慕课对传统高等教育的影响效果并没有完全显示出来,相关的研究正在进行中。

4.4.2　慕课在国内的发展现状

2013 年年初,我国高校开始了慕课的建设发展。2013 年,我国清华大学、北京大学、香港大学、香港科技大学加盟 edX;同年,我国北京大学、复旦大学、上海交通大学、台湾大学、香港中文大学、香港科技大学加盟 Coursera。在加盟现有的慕课平台的同时,我国部分高校也开始打造自己的慕课平台。2013 年 8 月,海峡两岸 5 所交通大学(上海交通大学、西安交通大学、西南交通大学、北京交通大学、新竹交通大学)联手打造了"在线学习联合体"开放课程平台,为五校共同利用;同年 10 月,清华大学的"学堂在线"平台正式对外开放。2014 年 4 月,上海交通大学自主研发的"好大学在线"平台对外开放。2015 年 4 月,阿里和北京大学联合打造了"华文慕课"平台,主打汉语优质课程,并于 5 月 4 日正式上线。2015 年 4 月 13 日,教育部发布了《教育部关于加强高等学校在线开放课程建设应用与管理的意见》,从总体要求、重点任务和组织管理三个方面对高等学校的慕课建设提出了一系列要求。清华大学的"学堂在线"是全球首个中文版慕课平台,支持 App 下载。课堂内容涉及计算机、经济管理、创业、电子、工程、环境地球、医学健康、生命科学、物理、化学、社科、文学、历史、大学选修课等,除了获得证书外,学习者还可以修习多所名校的部分学分,甚至高中生也可以借此先修大学学分。截至 2015 年 11 月 24 日,武汉大学在"中国 MOOC"平台上位居开课学期数第一位,开设慕课 17 门,位居已开课门数第五,总选课达到 655965 人次,已开课程选课总人数位居第三。近几年高校慕课的呼声颇高,甚至有颠覆高等教育的豪言壮语,然而,时至今日,国内的诸多慕课平台依然未能找到可持续发展的商业模式。其主要原因如下:①缺乏有效的成果认证。高校慕课提供的课程,其学习成果很难直接对学生产生收益。高校慕课之间的学分互认尚还较少,课程虽然能够颁布证书,但是市场的接受度不高。②在线学习效果不佳。慕课的在线学习效果依赖于学生自身的素养,要求学生拥有较高的自我管理能力,且基础知识框架比较完整,并且学生往往只能在助教和学生之间交流。③课程与用户实际需求脱节。慕课平台的课程大多数是优质课程的衍生品,学术性较强,而"实用性"稍弱。由于采取纯在线教学,课程难度又不易过高,避免将课程的学习门槛提得过高,从而导致课程既缺乏学术性的研究性课程,亦缺乏和职业内容相契合的培训课程,自然和用户的实际需求存在一定的脱节。④慕课平台课程资源缺乏共享。为保障平台的利益,慕课平台上的课程资源往往以独占的形式提供。从促

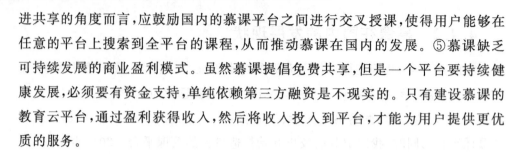

进共享的角度而言,应鼓励国内的慕课平台之间进行交叉授课,使得用户能够在任意的平台上搜索到全平台的课程,从而推动慕课在国内的发展。⑤慕课缺乏可持续发展的商业盈利模式。虽然慕课提倡免费共享,但是一个平台要持续健康发展,必须要有资金支持,单纯依赖第三方融资是不现实的。只有建设慕课的教育云平台,通过盈利获得收入,然后将收入投入到平台,才能为用户提供更优质的服务。

4.5 慕课研究的文献分析

在中国知网文献库以"慕课"为篇名关键词进行检索,发现慕课的学术文献呈上升趋势,从 2012 年的 1 篇上升到 2016 年的 1708 篇。文献涉及学科以教育学、计算机科学技术为主。总结慕课相关中文文献的研究主题,国内关于慕课的研究主要集中在高等教育、在线教育教学、教学模式研究等方面。

慕课最初就是从高等教育领域兴起的,它以低成本、高质量的名师课程,吸引高等教育对象的积极参与。慕课在高等教育中的研究主要包括三个方面:一是慕课起源和发展的介绍。多数是从不同角度深度梳理慕课的产生、内涵、类型、发展状况等。二是慕课对高等教育的挑战。这类研究是此领域的热门话题,研究数量颇多。研究者普遍认为慕课发展给高等教育带来了巨大冲击,同时也是发展机遇,它可以使更多的人接受优质高等教育,是高校教学方法的一次大变革。三是慕课本土化研究。研究者提出要以慕课为基础,构建校本化学习模式,整合优质教学资源,提高教师信息技术素养。

慕课实际上就是在线教育的发展,是一种新型的在线开放教育形式。与传统在线教育相比,它更加关注学生的"学",学生可以通过慕课实现自主个性化学习。研究者比较集中地讨论了如何利用慕课促进学生实现自主个性化学习。有的研究者提出慕课以学习者为中心,从学习者的兴趣和需求出发,在轻松的学习气氛和先进的学习工具支持下,主动汲取并内化知识,使传统的以"教"为主的课堂,发展为以"学"为主的网络在线学堂,呈现出开放自由、和谐共生的状态。还有一些研究者关注了慕课中学习者的特征、学习过程、学习效果等问题。

围绕教与学的研究是慕课研究中非常重要的一部分。目前的慕课教学很大程度上仍然是传统讲授式课程模式的搬家。慕课与微课有相似之处,有研究者提出要借鉴慕课的优势,推动原有微课教学的改革。还有的研究者提出要在慕

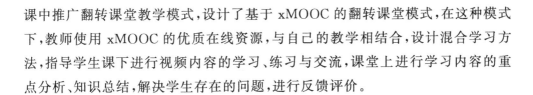

课中推广翻转课堂教学模式,设计了基于 xMOOC 的翻转课堂模式,在这种模式下,教师使用 xMOOC 的优质在线资源,与自己的教学相结合,设计混合学习方法,指导学生课下进行视频内容的学习、练习与交流,课堂上进行学习内容的重点分析、知识总结,解决学生存在的问题,进行反馈评价。

4.6　慕课对推动教育公平的作用

教育公平的核心是起点公平,也就是要为受教育者提供均等的教育机会,做到教育机会公平。慕课在促进教育机会公平方面具有显著优势。教育资源分配均等是教育机会公平的前提,由于经济发展水平上的差异,在教育资源的分配上很难做到事实上的均衡,而慕课平台拥有丰富的优质课程资源,为学生提供了公平学习的机会,减弱了教育资源不均对教育公平的影响。慕课以在线大数据平台为依托,关注学生的个体差异,提供基于"差异性"而产生的参与机会,真正做到了"因材施教"。慕课平台具有高度的灵活性和开放性,为学生提供了更多并且更加公平的选择机会。

慕课为教育资源建设创造了条件,缓解了因地域差别、教育资源分配不均等所带来的不同程度受教育水平的差异。传统教学因师资、场地、技术设备等条件的限制无法向全社会开放,具有优质资源的名校通过设置门槛将弱势人群排除在外,使教育机会、教育效果均衡发展的目标无法实现。而慕课的出现,为解决这些问题提供了支撑。凡是有机会接触互联网、有学习需求的人,都可以在线共享名牌大学、著名教授的精品课程,参与课堂环节及问题的探讨,获取知识,互助解决学习中的疑难问题,真正实现教育机会人人均等。

慕课发展的趋势是取消办学门槛,推动办学模式与教育环境的变革,让优质资源面向社会开放,解决人们对优质教学的渴求和优质教学资源短缺的问题,支撑终身教育、学习型社会的构建。慕课推进教育技术走向智能化,以教育云为基础打造云端教与学环境,实现教育公平,推动教育事业可持续发展。

第5章 云教育

5.1 云计算技术

5.1.1 云计算的概念

云计算这个概念是 IT 产业发展到一定阶段的必然产物。在云计算概念诞生之前,很多公司通过互联网发送诸如搜索、地图等服务,随着服务内容和用户规模的不断增加,对于服务可靠性和可用性的要求急剧增加,这种需求变化靠集群的方式难以满足要求,分布式的异地服务应运而生。2006 年 Google 首席执行官埃里克在搜索引擎大会首次提出"云计算(cloud computing)"的概念。云计算最早比较通用的一个定义是:云计算是指任何能够通过有线和无线网络提供计算存储服务的设施和系统。

随着 Google、Amazon 等企业相继推出云计算服务,云计算的服务模式得到了进一步发展。2009 年美国 NIST(National Institute of Standards and Technology)提出了一个云计算的定义:云计算是一种能够通过网络以便利的、按需付费的方式获取计算资源(如网络、服务器、存储、应用和服务等),并提高其可用性的模式。这是目前得到广泛认同和支持的定义。

云计算实际上是分布式计算技术的一种,通过网络将庞大的计算处理程序自动分拆成无数个较小的子程序,再交由多部服务器所组成的庞大系统经搜寻、计算分析之后将处理结果回传给用户。通过这项技术,网络服务者可以在数秒之内,达成处理数以千万计甚至亿计的信息,达到类似"超级计算机"效能的网络服务。

5.1.2 云计算的分类

在云计算中,软件和硬件都被抽象为各类服务,用户根据需求,通过互联网从云上获取相应的服务类型。云计算常用的分类方式为按服务类型和按服务方式分类。

1. 按服务类型分类

云端可以为用户提供硬件资源、开发平台、软件等服务。按照这种分类,一般将云分为三类:

基础设施云。基础设施云是网络上提供计算能力和存储的一个方式。服务商将由多台计算机、存储设备、服务器组成的云放在"云端",以按需计量的方式供用户使用。基础设施云降低了用户在硬件上的开销,只需要根据使用情况购买相应的计算能力和存储能力即可。

平台云。平台云是向用户提供一个研发的中间件平台,包括开发程序所需的开发环境、运行环境、数据库、服务器等。平台云让用户不必考虑应用运行的兼容性问题,只需要实现功能即可。

应用云。应用云是向用户提供软件服务。用户只需要一个能连互联网的终端就可以轻松访问所需要的应用。应用云不需要用户在本地安装繁琐的客户端应用。

2. 按服务方式分类

云计算作为一种革新性的计算模式,在为用户提供便利的同时,也带来了一系列挑战。首先是安全问题,一些如银行等企业对安全度要求很高;其次是系统的可靠性。大多数的企业用户要求在云端发生业务时,要保证能够准确、可靠进行;还有一些企业要求自己能够管理云端服务及数据。根据用户不同的要求将云计算分为公有云、私有云和混合云三类。

公用云。公有云是云服务商为用户提供的能够通过互联网访问服务的云,一般是免费的或成本低廉的,公有云的核心是共享资源服务。我们平常使用的百度网盘就是公有云。公有云使用方便,可以实现不同设备间的数据与应用共享,拥有丰富的资源。缺点是由于用户数据存储在云服务中心,数据安全性存在隐患。

私有云。私有云是云服务商为用户单独使用而构建的,能够有效控制数据安全性和服务质量。私有云的核心是资源专属。私有云通常安全性高,服务稳定,管理方便。缺点是建设成本高,共享性低。

混合云。混合云融合了公有云和私有云,是近年来云服务的主要发展模式。它将公有云和私有云进行混合和匹配,可以在私有云上运行关键业务,在公有云上进行非关键性业务,操作灵活。

5.1.3 云计算的特征

云计算技术是一种通过网络设备互联组成运算系统来提供运算服务的技术手段,它把互联网引入一个全新的时代,其主要特征如下:

1. 超大规模

云计算,顾名思义,即通过数目庞大的互联服务器,通常是几万甚至上百万的服务器,为用户提供强大的计算能力。"云"能赋予用户前所未有的计算能力。

2. 虚拟化

虚拟化是云计算的一个重要特点。通过虚拟化技术可以实现数字资源的逻辑抽象和统一表现。云计算支持用户在任何位置、使用任何终端获取应用和服务,所请求的资源来自"云"端,没有固定的有形实体,用户无须了解应用运行的具体位置,只需要一台终端就可以通过网络服务来实现需要的一切。

3. 可扩展性

云计算的基础架构是把不同的服务器构建成逻辑上同构可互换的节点,规模可以动态伸缩,满足应用和用户规模增长的需要。

4. 安全性

云计算系统在物理上是一个分布式体系,在逻辑上把跨地域、跨系统的资源整合成一个统一的逻辑单元。为了保证安全,在设计云平台的体系架构的同时,"云"计算平台通过数据多副本容错、计算节点同构可互换等多种安全措施来保障资源和服务的可靠性。

5. 通用性

通过云平台提供的服务不针对特定的应用,在"云"平台支撑下可以构造出千变万化的应用,同一个"云"可以同时支撑不同的应用运行。

6. 按需服务

云技术是一个庞大的资源池,用户按需购买需要的服务。

7. 价格低廉

云计算的特殊容错措施使其可以采用极其廉价的节点来构成云,它的自动化集中式管理使企业用户无须负担高昂的数据中心管理成本。云计算的通用性使资源的利用率较之传统系统大幅提升,用户只需花费极少的投入,就可以充分享受云计算的低成本优势。

5.1.4　云计算体系架构

云计算提供应用软件、硬件以及系统软件在内的多个层次的服务,从云计算服务的角度,其体系架构包括软件服务层、平台服务层和架构服务层。

软件服务层对应软件即服务,是云计算平台架构最上层的服务。软件服务层是以租用的方式向用户提供软件服务,并按一定的计费方式使用。

平台服务层对应平台即服务,即向云用户提供软件的研发平台。平台服务层能够为用户提供可动态扩展的应用资源,包括应用运行环境、应用开发周期支持和运用支持。

架构服务层对应基础设施即服务,即向云用户提供虚拟的服务器、网络设备、存储设备等。架构服务层通过虚拟技术署,把超大规模的资源组成一个大的虚拟机,用户根据自己的需求,动态地使用这些资源。

从云计算管理的角度,其体系架构包括用户层、机制层和检测层。

用户层主要面向使用云的用户,并通过多种功能来更好地为用户服务,包括用户管理、客户支持、服务管理和计费管理。

机制层主要提供用于管理云的各种机制。云计算中心通过这些机制管理更加自动化、更加安全和更加环保。机制层包括运维管理、资源管理、安全管理和容灾支持四个模块。

检测层主要监控云计算中心的运行过程,采集相关数据,为用户层和机制层提供数据支持服务。

5.1.5　云计算的关键技术

云计算提供可靠、廉价、通用、规模的服务,需要若干关键技术的支持,主要包括虚拟化技术、分布式存储技术、中间件技术等。

1. 虚拟化技术

虚拟化是一种资源管理技术,它将计算机的各种实体资源,如服务器、存储、应用等,进行抽象转化,打破实体结构间不可切割的障碍,提供统一的虚拟化界面,在一台服务器上运行多台虚拟机,实现服务器的优化和整合,是一种优化资源和简化管理的解决方案。

服务器虚拟化通过对服务器内存、设备、CPU 等进行虚拟化,可以将服务器资源合理分配给不同的用户,从而提高服务器资源的利用率和管理效率。服务器虚拟化产品主要供应商有 Vmware、IBM、SUN 等厂商。

存储虚拟化是把不同类型和地点的存储设备通过某种方式整合在一起,在逻辑上统一成大容量存储池,服务器和应用程序中的数据可以在存储设备之间灵活转移。存储虚拟化的优点是将许多零散的存储资源整合起来,从而提高整体利用率,同时降低系统管理成本。虚拟存储技术产品主要有 IBM 的 SVC、飞康 NSS 等。

应用虚拟化主要包括应用软件虚拟化和桌面虚拟化。应用虚拟化运用虚拟软件包来放置应用程序和数据,不需要进行传统的安装。应用程序包可以瞬间被激活或失效,以及恢复出厂设置,从而降低了对其他应用程序的干扰。应用虚拟化可以大大提高数据安全和系统维护效率,同时也可以降低投资和运维成本。

云计算通过运用虚拟化技术,实现了服务器整合、服务在线迁移等功能,为云计算部署资源池提供了支持。

2. 分布式存储技术

云计算平台由超大规模的服务器集群组成,采用分布式存储的方式存储数据,用冗余存储的方式保证数据的可靠性。分布式存储的核心是让多台服务器协同工作,完成高并发或大数据的任务。云计算系统中广泛使用的存储系统是 Google 的 GFS、IBM 的 SVC 等。

分布式存储技术先将物理硬盘上的空间切分成小块,再将不同硬盘上的这些小块组合成为不同的分区。写入数据时,分布式存储技术会将一个数据切分成固定大小的数据分片。数据读取时,被访问的存储节点寻址到相应的分区读取数据,并整合这些数据为完整的文件,返回给应用服务器。由于每个硬盘同时归属于多个分区,当硬盘或节点损坏时,受损的数据会选择不同的节点和硬盘作为重构目标并发地执行重构。

分布式存储技术具有高吞吐率、分布式和高速传输等优点,适合云计算为大量用户提供云服务。

3. 中间件技术

中间件是处于平台(硬件和操作系统)和应用之间的通用服务,具有标准的程序接口和协议。中间件可以规避硬件和操作系统之间的兼容问题,具有管理分布式系统的能力。中间件的核心作用是通过管理计算资源和网络通信,为各类分布式应用共享资源提供支撑。

云计算环境下的中间件可以实现对虚拟资源的创建、使用、回收全生命周期的管理;动态调动虚拟资源满足业务需求;支持分布式存储的扩展;支持分布式数据库,从而为云计算平台的部署、运行、开发和应用提供高效支撑。

总之,云计算集物理资源、虚拟技术、资源池、中间件技术、应用软件服务等为一体,是一种新兴的计算模式,具有广阔的发展和应用前景。

5.2 云教育

我国教育信息化历经十余年发展,投资规模逐年扩大,"面向 21 世纪的教育振兴行动计划""农村中小学远程教育工程""三通两平台"等一系列重大工程的建设,有力地推动了我国教育信息化的进程。随着教育信息化的快速发展,基础设施建设投入高使用效率低、数字化信息系统互不兼容、优质教学资源匮乏、信息安全体系存在漏洞等问题不断暴露出来,教育信息化发展步伐遭遇全新的挑战。云计算技术的出现,为解决上述问题找到了一条可行之路。

云计算技术在教育领域的应用就是"云教育"。云教育将教育信息化资源、设备、系统、应用等进行虚拟化,在云平台上进行统一部署和实现,为教育用户提供云服务。云教育平台在云端为用户提供了海量的存储空间、一些基本软件以及服务器等网络软硬件设备,通过远端控制,实现云端的计算服务,学校不再需要投入大量资金在软硬件购买和运维管理上,通过向云教育平台购买相应的服务,完成有效的教学、管理等任务,既节约了经济成本,又加快了学校的信息化建设。云计算技术利用互联网将全世界的终端连接在一起,教育工作者和学习者可以从云端获取优质的资源,也可以把优质资源上传到云端,有助于教学资源的共建共享。云存储技术为用户提供一个安全的数据存放空间,用户可以把重要的资料存放在云端,如果数据出现问题,会有云端专业人士负责解决。云计算技术对于构建开放、灵活、安全的云教育平台具有举足轻重的作用。

5.2.1 云教育基础架构

云教育是云计算在教育领域的应用探索,云教育平台由基础设施层、平台服务层、教育应用层三层架构组成。云教育平台通过三层架构向教育用户提供各类服务,满足用户的不同需求。

1. 云教育基础设施层设计

基础设施层是云教育平台的底层,包括基础设施和基础服务。计算、存储、

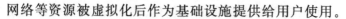

网络等资源被虚拟化后作为基础设施提供给用户使用。

云教育平台的基础设施层采用虚拟化技术,将底层的服务器存储、网络设备等硬件基础设施以学校为单位构成虚拟化的资源池,搭建物理环境,然后利用虚拟化软件将这些物理资源改造为虚拟化平台,从而实现计算资源整合。虚拟化集成管理器是云教育平台基础设施层的管理模块,它通过虚拟化平台提供的接口,获得各种资源的信息,实现对虚拟机的管理。同时,虚拟化集成管理器还具有管理数据、监控资源、部署资源等功能。

基础设施层的基础服务与虚拟化集成管理器提供的功能对应,主要包括镜像管理、系统管理、系统监控、用户管理等,它是用户获得基础设施层资源的接口。

2. 云教育服务层设计

云教育服务层构建在基础设施层之上,完成软件生命周期中开发、运行和维护这几个关键环节,为教育应用开发者提供应用开发、测试及运行环境。

云教育服务层为教育应用开发者提供 SDK、代码库、开发工具、测试工具等开发环境,实现应用的自动部署和扩展。云教育服务层同时还提供模拟运行环境,使应用开发者能够在云环境下进行运行与调试。开发工作完成后,开发人员将应用按照服务层的规范打包,然后在平台层上进行部署激活。运营环境为用户提供应用的上线、升级、维护等服务,同时对应用运行状态进行监控。运行环境为应用提供运行时的环境,保证其可以自动、高效、高性能地运行。

3. 云教育应用层设计

云教育应用层运行在服务层上,每一个应用都对应教育教学中的具体需求,实现特定的业务逻辑。云教育应用层的基本功能是为教育教学管理、教学资源共享、信息化软件开发和应用而服务。

云教育应用层向用户在终端可以使用的软件,但不需要使用者在本地进行安装。云教育应用层的这一特征解决了教育信息化过程中软件资源重复投入问题。云教育应用层的数据格式遵循统一标准,各应用间可以方便地进行互联互通,消除了信息孤岛,解决了校园信息系统的互不兼容问题。用户可以在任何时间、任何地点、任何终端通过网络,即可以不经过任何配置访问云教育应用,解决了偏远地区、经济落后地区计算机配置落后,无法使用应用的问题。云教育应用都放在云端,优秀教育资源可以跨域共享,打破了区域限制,实现了资源的共享。

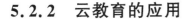

5.2.2 云教育的应用

随着云计算技术的快速发展,各大 IT 公司先后推出各自的"云教育"技术解决方案。越来越多的学校与教育机构开始尝试使用云计算平台来进行教学。

1. 国外云教育的应用

美国新媒体联盟与 EDUCAUSE 联合发布的 2009 年地平线计划中明确指出:"云计算正在改变和更新我们对传统意义上的计算、文件和存储的认识。对于教育而言,云计算将大大降低信息化教学的成本,因为它可以发展基于瘦客户端的网络应用,只要计算机可以接入互联网,学习者都可以利用网络浏览器完成文档、幻灯片、邮件、图片等处理,而且不需要分别购买和安装不同的软件包。"

美国 2011 年发布《创建高等教育云》白皮书,启动了教育部数据中心整合计划和北卡罗来纳州教育云工程,同时确定了"云优先"政策,强调政府数据中心整合,要求所有政府部门信息化项目限期迁移到政府云。

新加坡于 2011 年部署建设下一代教育云计算数据中心,以此在降低教育成本的同时,实现其高等教育水平的提升。

日本在 2011 年制订了数字教科书发展计划,总务省在推行"未来学校推进项目"过程中,委托内田洋行在西日本进行实证实验,建设了"内田教育云服务"。

韩国在 2015 年通过架设云计算网络系统,全面实现中小学课本的数字化改造和网络辅助教学。

2. 国内云教育的应用

我国政府一直在加大推进云教育建设。《教育信息化十年发展规划(2011—2020 年)》明确提出建立国家教育云服务模式,充分整合现有资源,形成资源配置与服务的集约化发展途径,构建稳定可靠、低成本的国家教育云服务模式。建设教育云资源平台,汇聚百家企事业单位、万名师生开发的优秀资源。推动省级教育行政部门建设云教育管理服务平台,基于云服务模式,为本地相关教育机构和各级各类学校提供管理信息系统等业务应用服务。充分整合和利用各级各类教育机构的信息基础设施,建设覆盖全国、分布合理、开放开源的基础云环境,支撑形成云基础平台、云资源平台和云教育管理服务平台的层级架构。

2011 年至今,我国陆续开展了多方面的云教育建设和试点工作。国家教育资源公共服务平台于 2012 年 12 月上线试运行,向广大师生提供智能化便捷的导航服务、专业化的网络学习空间和资源推送服务。2012 年年底武汉市获批成为国家教育资源公共服务平台规模化应用专项试点城市,市政府印发了《武汉教育云示范工程实施方案》,武汉市教育部门印发《武汉市基础教育信息化"十二五"规划及实施方案》《关于全市中小学校"三通工程"建设与应用的实施意见》,为推进教育云建设"护航",提供政策保障和行动指南。经过 5 年多的探索,武汉市基础教育已构建成云教育生态,优质教育资源覆盖面广,促进了武汉教育优质均衡发展。

"粤教云"计划是《广东省教育信息化发展"十二五"规划》中五大行动计划之一,其重点是为学生学习和教师专业发展提供有效方法和途径,探索云平台支持下的优质教育资源共建共享机制和"云端"结合的应用模式,经过"十二五"期间的发展,目前成为真正落地的行业云。

5.2.3　云教育服务平台

随着云计算在教育中的不断应用,越来越多的学校开始尝试使用云教育服务平台来进行教学,如中国科技大学的"瀚海星云"校园云服务平台、学乐云教学平台等。

1. "瀚海星云"校园云服务平台

"瀚海星云"校园云服务平台是由中国科技大学以开源技术为基础自主建设的平台,该平台主要为全校师生提供云计算应用服务。师生可以使用该平台搭建私有云,从事云技术和云应用的实验;可以定制高性能科学计算平台,开展并行计算等实践项目。如以个人高性能计算环境使用为例,用户通过 Web 界面定义所需并行计算环境的节点个数和节点属性,向云平台提交应用描述。云平台据此自动部署并行计算编程环境,通过虚拟机镜像启动虚拟机,返回给用户所需的计算环境。

2. 学乐云教学平台

学乐云教学平台面向基础教育,旨在为教师、学生、家长提供一个师生互动、生生互动、家校互动的教学环境,提高教学效率,丰富教学手段,改进教学效果,实现以教为中心向以学为中心转变、从知识传授为主向能力培养为主转变、从课堂学习为主向多种学习方式转变。笔者参与教育装备研究与发展中心课题"基于云教学平台提高教学生产力的实践研究",以学乐云教学平台为基础,研究云平台与教育的融合。

（1）平台特点

学乐云基于云架构、云计算、云服务等技术，集成了"教、学、考、评、管"等教学全过程，让教师、学生享受到信息化时代下的轻松教、快乐学。借助云教学平台，改变教学方式，从以教师的教为主转变为以学生的学为主。学生通过手机、电脑、平板等智能终端进行移动学习，家长通过专用 APP 随时了解学生的学习情况。老师通过云教学平台给学生布置作业，学生将作业通过平台以音频、视频、文字等形式提交给老师，从而打破了学习空间的限制。平台实现了各类资源到每一节课的汇聚，当师生打开平台的每一节课，平台中的官方资源、教师的共享资源、接入的地方资源都能直接呈现到这节课中。

（2）应用案例

2016 年 5 月举办的《基于云教学平台提高教学生产力的实践研究》课题研讨会上，山东省北镇中学初中部卢希营老师讲的"光的折射"一课，给编者留下深刻的印象。

卢老师通过动画演示看水中的硬币引入课程。

师：我们看到水中的硬币，是光由水中射入空气中，同学们认为折射角会发生什么变化？

生：变大。

师：折射线是靠近法线还是远离法线（老师对动画现象进行解说）？

学生思考并回答。

（过渡）观看同学在家拍摄的筷子在水中折射现象，提出问题，筷子变弯的原因是什么？

生：光的折射。

卢老师演示筷子折射动画。

师：筷子放入水中，其水中的部分可以看到由无数个点组成，我们看筷子最下端的一点。光由水射入空气中，然后折射到人眼中，我们要逆着光线去寻找，从动画上看水中每一点都变浅了，所以看起来筷子是向上弯折的。

生：这其实就是折射现象。

卢老师展示海市蜃楼的图片。

师：这是什么现象？

生：海市蜃楼。

师：光在均匀介质中是怎样传播的？

生:沿直线。

师:海市蜃楼现象必须在特定的环境下发生,海面上容易发生海市蜃楼,是因为接近海面的空气密度比高空密度大。

卢老师板书:光由密度大的空气射入密度小的空气时,发生折射现象。

卢老师演示海市蜃楼动画。

师:我们通过光的折射解释了生活中的现象,还需要绘制光折射的几何光路。学生进行尺规作图。

卢老师将学生绘制的几何光路图拍照上传到云平台,进行分享展示。

师生共同分享、分析课堂练习。

卢老师把课内两个小实验,安排学生在课前家中完成,让每一个学生参与到教学过程中,激发了学生的学习兴趣;让学生把实验过程以图片或视频的形式上传到云平台,为每一个学生提供了展现自我的机会。通过观看学生在家完成的小实验来引入新课,彰显"从生活走向物理"的教学理念。在讲授光的折射规律时,创设物理情境引导学生进行猜想,对照演示实验,培养学生的空间思维。利用云平台进行模拟演示,让学生更加深刻地掌握光的折射规律。利用平台进行随堂反馈,展示学生的练习,实现课堂知识的及时消化吸收。

5.3　云计算对教育领域的影响

云计算降低了教育信息化建设成本。对于学校来讲,自行投资建立数据中心成本较大,并且难以与教育信息化系统的快速成长和服务多元化要求相匹配。云计算模式为学校提供了合适的应用方案,通过选用云计算服务可以节约成本,不用投资购买昂贵的硬件设备以及负担相关的管理和维护费用。另外,云计算的管理机制、自动化部署和高层次的虚拟化,可以有效地消除信息孤岛现象,实现网络虚拟环境上的最大化资源共享和协调工作。

5.3.1　降低教育成本

云计算大大降低了学校基础设施建设的成本,主要表现在以下几个方面。

1. 云计算为学校节省购买和维护计算机、网络交换机等硬件设备的成本

云计算能够把分布在大量的分布式计算机上的内存、存储和计算能力集中起来成为一个虚拟的资源池,并通过网络为用户提供实用计算服务。云计算对

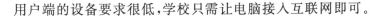

用户端的设备要求很低,学校只需让电脑接入互联网即可。

2. 云计算为学校提供经济的应用软件定制服务

软件即服务是云计算提供的一种服务类型,它将软件作为一种在线服务来提供。学校接入云计算服务后,可以直接使用云服务提供的软件,无须对软件进行维护和升级。

3. 云计算为学校提供安全可靠的数据存储服务

随着学校教育信息资源建设的投入不断加大,各个学校都积累了大量的教育资源,保障这些教育资源的安全性和可靠性是一项非常重要的工作。信息安全的问题在专业人员欠缺的学校特别突出,云计算可以为学校提供可靠和安全的数据存储空间,学校使用云计算服务把数据存储在云端,由云计算服务商提供专业、高效和安全的数据存储服务。

4. 云计算使教育资源的共建和共享更为便捷

目前,我国各级教育行政机构、学校和企业已经或正在建设的教育信息资源很丰富。将这些教育资源存储在云端,可以方便地实现教育资源的共享。

5.3.2　变革教学

云计算改变了教学方式与学习方式,能为学生在任何时间、任何地点学习提供有力的支持。云计算对教育领域的影响主要表现在以下几个方面。

1. 改变了传统教学的方式

利用云计算教育平台,学生可以随时、随地通过移动终端学习老师讲过的知识,查看老师的电子教案或教学视频,实现了传统课堂教学的流程再造,课前、课中、课后的无缝衔接,扩展了传统课堂的边界。通过引导学生利用云计算技术进行课前的自主学习,使课堂教学更加高效,形成课内外相结合的学习方式。传统的教师输出的单一授课方式转变为师生都成为课程建设的主体,形成新的课程生态。

2. 改变了学生的学习方式

云计算教育平台不断改变学生的学习方式,促进学生由被动学习向主动学习转变,由同质化学习向个性化学习转变。学生在云计算教育平台的支持下进行个性化学习,实现了真正意义上的自主学习,成为学习的主体。课前,学生在家通过云计算平台获取课前导学的资源,完成预习任务。课堂上,教师根据平台

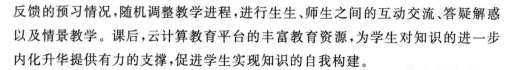

反馈的预习情况,随机调整教学进程,进行生生、师生之间的互动交流、答疑解惑以及情景教学。课后,云计算教育平台的丰富教育资源,为学生对知识的进一步内化升华提供有力的支撑,促进学生实现知识的自我构建。

3. 改变了教学评价方式

云计算正在改变传统的以学生学业成绩作为指标的教学评价方式。在云计算平台下利用数据存储功能,对学生的学习习惯和学习轨迹进行追踪,通过分析学生学习某个模块所耗时间,循环学习某一个知识点的状态和结果呈现等学习过程监测作出教学诊断和即时性评价分析,使评价内容更加全面、数据范围更加广泛,评价过程有理可循。

第6章　大数据与基础教育

6.1　大数据

大数据是指庞大、复杂,需要一系列工具收集、分析、展示的数据。大数据带来社会生活方式、生产方式乃至人类思维方式的全新革命,为精准分析提供了便利。2015 年 8 月 31 日,国务院印发国发〔2015〕50 号《促进大数据发展行动纲要》(以下简称《行动纲要》),系统部署大数据发展工作。《行动纲要》在公共服务大数据工程中提出"教育文化大数据。完善教育管理公共服务平台,推动教育基础数据的伴随式收集和全国互通共享。建立各阶段适龄入学人口基础数据库、学生基础数据库和终身电子学籍档案,实现学生学籍档案在不同教育阶段的纵向贯通。推动形成覆盖全国、协同服务、全网互通的教育资源云服务体系。探索发挥大数据对变革教育方式、促进教育公平、提升教育质量的支撑作用"。《行动纲要》对大数据的教育领域应用进行了顶层设计与规划,确定了建立教育文化大数据的重要地位。运用大数据技术去突破传统教育上的诸多限制,推动教育变革,成为教育发展的新趋势。

6.1.1　大数据的特征

一般认为,大数据主要有四个方面的典型特征:规模性(Volume)、多样性(Varity)、高速性(Velocity)和价值性(Value),也称为 4V 特征。

1. 规模性

大数据的特征首先就体现为海量的数据规模,存储单位从过去的 GB 到 TB,直至 PB、EB、ZB、YB 级别,1PB 相当于 50％的全美学术研究图书馆藏书信息内容,5EB 相当于至今全世界人类说讲过的话语,1ZB 如同全世界海滩上的沙子数量总和,1YB 相当于 7000 个人身体内的微细胞总和。随着信息技术的高速发展,数据开始爆发性增长。我们经常使用的微信,每天都会产生上亿级别的数据;淘宝网近 4 亿的会员每天产生的商品交易数据约 20TB;脸书约 10 亿的用户每天产生的日志数据超过 300TB。只有数据量足够大,反映出的结果才能更加稳定,更能反映客观规律。要想了解基础教育的发展趋势,必须要把基础教育发展过程中的每一个阶段数据收集起来,通过大数据分析找到其内在的发展规律,为教育决策提供数据支撑。因为这些数据都是在不断增长的,且每个时间点都不一样,面对这样高速增长的数据,迫切需要智能的算法、强大的数据处理平台和新的数据处理技术,来统计、分析、预测和实时处理如此大规模的数据。

2. 多样性

广泛的数据来源,决定了大数据形式的多样性。大数据大体可分为三类:一是结构化数据,可以简单地理解成表格里的数据,同一条目下的数据结构相同。利用计算机处理结构化数据的技术比较成熟,如 Excel 很容易进行加减乘除、汇总、统计之类的运算。如果进行大量的运算,需要用到专业软件对这些结构化数据进行存储和处理。如财务系统数据、信息管理系统数据、医疗系统数据等,其特点是数据间因果关系强。二是非结构化的数据,如视频、图片、音频、地理位置信息等,这些数据的特点是数据间没有因果关系,无法用统一模式去处理,因此对数据的处理能力要求更高。三是半结构化数据,如 HTML 文档、邮件、网页等,其特点是数据间的因果关系弱,谷歌公司在提供页面搜索服务的同时,顺便解决了大量网页、文档这类数据的快速访问的难题,成为大数据技术的先驱。雅虎公司利用谷歌的成果开发出一套大数据处理的程序框架 Hadoop。这些公司的实践为解决其他各类的非结构化数据奠定了基础。

3. 高速性

大数据的交换和传播是通过互联网、云计算等方式实现的,对处理数据的响应速度有严格的要求,有的应用要求对数据的处理要做到实时、快速,这就需要将分布式计算、并行计算等技术深度地结合以满足需求。数据的增长速度和处理速度是大数据高速性的重要体现。

4. 价值性

价值性也是大数据的核心特征。通常情况下有价值的数据比较分散、密度相对较低,要在海量数据中寻找有价值的信息需要相关技术支持。大数据最大的价值在于通过从大量不相关的各种类型的数据中,挖掘出对未来趋势与模式预测分析有价值的数据,并通过机器学习方法、人工智能、数据挖掘等方法深度分析,发现新规律和新知识,并将其应用于各个领域,从而最终达到提高效率、促进发展的效果。亚马逊、京东、淘宝等网络购物平台,根据收集到的用户浏览网页的信息,在每个商品界面停留的时间长短,分析出用户的购物嗜好,进而给用户推送更多的此类商品,供用户选择。教育领域在大数据时代已经积累了海量的数据,挖掘数据中信息的相关性,让这些数据服务于基础教育,对基础教育的发展有极大的推动作用。

6.1.2　大数据的社会价值

大数据时代的到来使得数据从原本的记录符号转变为具有巨大延伸价值的资源,由于数据可以交叉复用,取之不尽,用之不竭,因此它是真正可持续利用的资源。挖掘海量数据可以发现规律、预测未来,数据既是科学研究的重要来源,也是政府、企业决策的重要支撑。大数据的社会价值体现在政府、医疗、教育、经济等各个领域。

1. 提高决策能力

大数据有益于各个行业用户做出更为准确的决策,从而实现更大的价值。虽然不同行业的业务不同,所产生的数据及其所支持的管理形态也千差万别,但从数据的获取、整合、加工、处理、应用、服务的生命线流程来看,所有行业的模式是一致的。基于大数据的决策,以大量的信息作为依据,技术含量和知识含量非常高,催生了很多难以想象的重大解决方案,如某些药物的疗效和毒副作用,无法通过技术和简单样本验证,需要几十年海量病历数据分析得出结果。大数据使经济决策部门可以更敏锐地把握经济走向,制定并实施科学的经济政策。大数据可以提高企业经营决策水平和效率,推动创新,给企业、行业领域带来价值。

2. 助力企业发展

大数据进行高密度分析,企业通过大量数据分析从而进一步挖掘市场机会,缩短企业产品研发时间,提升企业在商业模式、产品和服务上的创新力。如企业利用用户在互联网上的访问行为偏好,为每个具有相似特征的用户群体提供精确服务以满足用户需求,甚至为每个用户"量体裁衣"。大数据有利于企业调整市场的营销策略,制定精准的经销策略。大数据助力企业挖掘和开拓新的市场机会,将各种资源合理利用到目标市场,降低企业经营的风险。

3. 变革商业模式

在大数据时代,以数据为核心的新型商业模式正在不断涌现。如阿里金融基于海量的客户信用数据和行为数据,建立了网络数据模型和一套信用体系,打破传统的抵押和担保的贷款模式,仅依赖于数据,就能使企业迅速获得所需要的资金。阿里金融的大数据应用和业务创新,变革了传统的商业模式,对传统银行带来了挑战。电子商务的发展对传统的店面经营模式也是一个巨大的冲击,如我们熟悉的淘宝购物平台,每天有数以万计的交易在淘宝上进行,有关的交易时间、商品价格、购买数量等信息同步被记录,这些信息可以与买卖方的年龄、性别、地址、爱好等个人特征信息相匹配。淘宝运用这些匹配数据进行店铺排名和用户推荐,卖家根据销售信息和淘宝指数对产品的经营活动进行合理规划,降低风险,赚取更多的利润。同时,消费者也能以更优惠的价格买到心仪的产品。

4. 实现个性化定制

大数据可以为个人提供个性化服务。如在大数据的帮助下,将来的诊疗可以对一个患者的历史数据进行分析,结合遗传变异、对特定疾病的易感性和对特殊药物的敏感性等方面,实现个性化的医疗,在患者发生疾病前,提供早期的检测和针对性治疗。在大数据的支撑下,教育将根据每一个人的特点,挖掘每一个人的学习能力和天赋,实现真正地因材施教、个性化教学。

6.1.3 大数据的处理流程

大数据的处理流程主要包括数据采集、数据预处理、数据分析及挖掘、数据可视化和应用等环节。

1. 数据采集

大数据采集是利用多个数据库来接收发自客户端的数据。在大数据的采集过程中,最大的挑战是并发数高,同时有可能会有成千上万的用户进行访问和操作,如淘宝在峰值的并发访问量超过百万,这就需要数据采集端部署大量的数据库,并且合理规划各数据库之间负载均衡。

2. 数据预处理

大数据采集过程中通常有多个数据源,这些数据源包括同构或异构的数据库、文件系统、服务接口等,容易受到噪声数据、数据值缺失、数据冲突等影响,因此需要将收集到的数据进行预处理,以保证大数据分析与预测结果的准确性。大数据的预处理环节主要包括数据清理、数据集成、数据转换等。数据清理是检测数据的不一致性、识别噪声数据、对数据进行过滤与修正,进而提高大数据的一致性、准确性和真实性。数据集成是将多个数据源的数据进行集成,从而形成集中、统一的数据库等,提高大数据的完整性、安全性和可用性。数据转换是基于元数据的转换、基于模型与学习的转换等技术,通过转换实现数据统一,这一过程有利于提高大数据的一致性和可用性。总之,数据预处理是大数据一致性和可用性的基础保障。

3. 数据分析及挖掘

数据分析及挖掘是根据业务目标,对大量的数据进行探索和分析,揭示隐藏的、未知的或验证已知的规律。数据分析及挖掘主要包括已有数据的分布式统计分析技术和未知数据的分布式挖掘、深度学习技术。分布式统计分析可由数据处理技术完成,分布式挖掘和深度学习技术包括分类、回归分析、聚类、关联规则、Web 页挖掘、深度学习等,可挖掘大数据集合中的数据关联性,形成对事物的描述模式或属性规则,通过构建学习模型和海量训练数据提升数据分析与预测的准确性。数据分析与挖掘是在没有明确假设的前提下去挖掘信息、发现知识,所得的信息具有先未知、有效和可实用的特征。

4. 数据可视化和应用

数据可视化是将大数据分析与预测结果以计算机图形或图像的方式直接显示给用户。数据可视化技术有利于发现大量业务数据中隐含的规律性信息,从而更好地支持管理决策。大数据应用是将经过分析处理后挖掘得到的大数据结果应用于管理决策、规划等,它是对大数据分析结果的检验与验证。大数据应用对大数据的分析处理具有引导作用。

6.2　大数据的教育应用研究现状

大数据是信息技术快速发展的产物,如何运用好大数据技术,充分利用庞大数据带来的价值,挖掘隐藏在数据内部的有效信息,成为各国信息技术研究的热点。大数据对教育领域的影响深远,为教育研究和决策提供数据支撑,将推动整个教育系统发生革命性的变化。

笔者采用文献研究方法,对于大数据的教育应用现状进行研究。

6.2.1　国内研究现状

在中国知网中选择"高级检索",选择"主题"为检索条件,输入"大数据"并含

"教育",截止到 2017 年年底,共检索出 5486 条与之相关的结果,其中 2017 年 2256 篇,2016 年 1668 篇,2015 年 993 篇,2014 年 436 篇,2013 年 127 篇,2012 年 6 篇。

经过对文献内容的分析,发现国内大数据在教育领域的应用研究是从 2012 年开始的,相关论文只有 6 篇。王震一在 2012 年提出:"今天的大数据就像当年发明显微镜一样,人们从庞杂的海量数据中找到了前所未知的事物。这个大数据的显微镜带来了海量的关系复杂、形式多样的非结构化、半结构化和结构化的数据并存,现今的传统技术已无法对其进行高效的分析,业内需要的是形成一套涵盖业务、技术和 IT 基础架构的全面解决方案,来处理存储、管理和分析大数据"。

2013 年被媒体称为中国的大数据元年,国内教育技术领域也掀起了基于大数据技术促进教育改革和创新发展相关研究的热潮,从中国知网检索结果可以看出,研究论文数量逐年倍增。教育部 2014 年印发的《2014 年教育信息化工作要点》中首次明确指出:加强对动态监测、决策应用、教育预测等相关数据资源的整合与集成,为教育决策提供及时和准确的数据支持,推动教育基础数据在全国的共享。

国内目前大数据技术在教育领域的应用研究,主要集中在大数据技术在教育教学中的应用、大数据对教学变革的影响、运用大数据技术的课堂教学方式及教学效果(如翻转课堂、慕课等)、大数据技术在一些具体学科的运用等。对这些文献进行归纳总结,我们发现教育数据产生于教学活动的每一个环节,如教育环境设计、教育场景设置、教学过程、教学评价、教育管理和决策等;教育数据也来源于学生的日常行为,如学生上网学习行为数据和校园卡使用数据等。随着教育信息化基础设施的不断完善,各种资源、教育信息化系统渗透到教学活动的每个环节,数据的采集渠道日益丰富,数据规模与日俱增。大数据时代教育数据具有规模性、实时性、颗粒性、真实性、决策性等特点。

6.2.2 国外研究现状

2012 年 3 月底,美国奥巴马政府宣布,白宫将投入 2 亿美金的研发费用推动大数据技术的发展,其主要目标是让大数据技术更好地服务于科研、环境、生物医药、教育和国家安全领域。同时,明确地表示将主要用来鼓励在数据采集、存储、管理、分析和共享等方面的技术研究,这直接刺激了全世界对大数据的关注,2012 年大数据成为时代发展的一个重要趋势。

美国布鲁金斯学会（Brookings Institution）达瑞尔·韦斯特在《有关大数据与教育的研究报告》中指出："大数据使得查探学生表现和学习途径的信息成为可能，教师不再完全依靠阶段测验表现，而是通过大数据分析，研究学生学习状况。"2012 年 10 月，美国教育部发布了《通过教育数据挖掘和学习分析促进教与学》的教育大数据报告，为教育中利用大数据指明了方向。报告提出："大数据无处不在，教育中也是如此；强调学生学习系统需要更好的模型来预测学生的学习行为和进步。"该报告对美国国内大数据教育应用的领域和案例以及所面临的挑战进行了详细地介绍。

2015 年国际标准化组织（International Organization for Standardization，ISO）成立学习分析工作组，探讨如何有效利用学习履历数据，迅速推进教育大数据的实用化、标准化及规范化。

自 2016 年起，由日本经济产业省陆续发起"利用 IoT 的新经济创造推进事业""为推进 IoT 的新产业模型创造基盘整备事业"等国家级重点项目，其内容涉及医疗、教育信息化建设等，将如何有效利用大数据视为影响未来教育事业发展的关键因素。

随着政府和社会公众大数据意识和观念的不断增强，数据的价值被逐渐认识和关注。教育大数据挖掘和学习分析技术被实施于诸多教育实践之中，并正在形成一定的规模效应。

6.3 大数据对基础教育的影响

基于大数据的精准分析和科学决策，为教育变革提供了强大的驱动力。大数据可以为基础教育提供准确的预测性判断，形成有效的基础教育决策与评价，满足个性化教学的需求，为基础教育的管理和发展带来更多机会。

6.3.1 大数据对基础教育决策的影响

教育决策是对教育宏观发展的一个方向性指引，决定未来教育的发展。科学的决策有助于基础教育的发展，大数据的出现为教育决策的合理性提供了强大支撑。

1. 大数据有利于促进基础教育成果量化

基础教育的成果以数据的形式被量化表现，可以帮助教育决策制定者利用

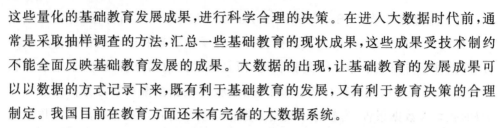

这些量化的基础教育发展成果,进行科学合理的决策。在进入大数据时代前,通常是采取抽样调查的方法,汇总一些基础教育的现状成果,这些成果受技术制约不能全面反映基础教育发展的成果。大数据的出现,让基础教育的发展成果可以以数据的方式记录下来,既有利于基础教育的发展,又有利于教育决策的合理制定。我国目前在教育方面还未有完备的大数据系统。

美国早在 20 世纪 60 年代就意识到数据在教育决策中的重要地位。1968 年,美国教育部成立了"全美教育数据统计中心"。经过几十年的发展应用,该中心已经形成了一套完整的教育数据处理的方法论,并在 2002 年通过了《教育科学改革法》,明确了数据在教育决策中的决定性地位,即所有教育政策的制定都必须由实证数据进行支持。根据这个体系,美国可以将教育中的各个数据收集起来,形成一定的量化成果,帮助美国教育进行科学的决策。

合理的教育决策是基础教育发展的推动力,在大数据时代,必须重视数据对基础教育发展的作用,一定要将基础教育每个阶段的数据、每一阶段的发展成果都记录下来,形成量化的基础教育成果,透过数据去看基础教育的真谛,最终为教育决策服务。

2. 大数据有助于统筹教育全局

我国基础教育政策的产生与执行更多的是由上而下进行推动的,这种模式使基础教育政策具有严肃性和刚性,在特定阶段对推动基础教育发展发挥了巨大的作用。随着社会经济的快速发展,基础教育资源未能完全满足全社会期望的情况下,矛盾自然产生了。城乡差距、区域差距、东西差距等成为了基础教育发展的阻碍,不利于全面教育决策的制定。如何消除这些阻碍,使教育决策既有全局性,又能促进基础教育发展呢? 大数据的出现,为统筹教育发展全局,作出全面决策提供了解决办法。

数据在美国联邦教育决策中发挥了极为重要的作用,全国教育进展测评(National Assessment of Educational Progress,NAEP)就是其中最为典型的一个例子。NAEP 产生于 1969 年,是由美国国会授权的唯一一个全国性中小学学生学业成绩测评体系。其目的是检测美国中小学生学业成就现状和发展趋势,提高美国基础教育质量。40 多年来,NAEP 已对美国中小学的阅读、数学、写作、科学、历史、地理、公民教育等学科进行了全面测评,其测评结果已成为美国联邦政府及各州衡量教育发展、发展教育资源、改革教育实践的重要依据。

大数据将整个基础教育系统连成了一个整体,位于整体的各部分都有机会

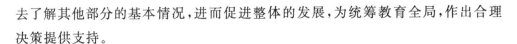

去了解其他部分的基本情况,进而促进整体的发展,为统筹教育全局,作出合理决策提供支持。

3. 大数据有助于监测教育质量

大数据的存在有助于监督基础教育的进展,不断了解基础教育中可能存在的问题,及时发现问题并及时纠正。通过大数据的记录分析,既解放了人力,又可以有效地检测基础教育质量,从而做出科学的教育决策。在基础教育进行过程中,通过不断的数据获取,进而不断检验获得的成果,不断提高基础教育质量,最终实现基础教育向更公平、合理、高效的方向发展。

美国 NAEP 的测评体系主要是对美国中小学开设的课程进行测评,将测评的结果全部收集统计出来,这些数据不仅成为美国制定各项教育决策的重要依据,同时也促进了美国基础教育质量的不断提升。

基础教育是我国教育过程中最基础、最重要的一部分,让大数据充分发挥作用,通过一系列的数据积累和数据分析,在大量的教育数据支撑之下,促进基础教育实现质量的提升。

6.3.2　大数据对教学的推动

在大数据的支撑下,过去教与学过程中很多难以破解的问题得到了有效解决,教学理念与学习方法也随之发生了变化。教师可以利用大数据的优势,优化课堂教学过程,促进教育方法的变革,让教学可以更好地完成。

1. 大数据促进课堂教学优化

教学的本质是让学生在一定情境下自发、主动地学习。大数据可以让教师在充分结合新课程标准要求的基础上,合理选择教材和教学内容,让课堂变得生动有趣,从而有效调动学生的学习主动性,让学生主动探究知识,在有趣的环境中学到更多的知识。大数据可以将教学方法、教学策略以数据的形式记录下来,再配合学生的学习情况数据进行综合分析,分析学生上课时的状态,判断学生听课过程中被哪些内容吸引,对哪些内容不感兴趣,进而选出最优的教学方案。这样利用大数据选择合理的教学模式可以优化课堂教学,让学生更加主动地参与到学习之中,释放学生的创造力。

大数据时代快速增长的数据量给教师提供了一个提高课堂效率的机会。教师一定要培养利用大数据的思考方式,选择教学过程中需要的方法和策略,优化课堂效率,为基础教育发展服务。

2. 大数据促进教学变革

大数据对课堂教学带来的主要影响是使教师从依赖以往的教学经验教学转向依赖海量的教学数据分析进行教学,从而促进教学变革,使教育的本质回归到学生个体的发展。比如,现在一系列的网络课程,如慕课,可以根据学生的各种网络学习数据来分析学生的学习情况,通过这些数据的收集和分析,找到最合适的教学方式,以促进教学的开展。根据大数据所显示的学生学习的基本情况,教师在上课时把重点放在学生掌握起来困难的知识点上,适时调整教学计划。

教师对学生的了解程度直接影响教师的教学水平和教学效果,只有足够了解学生的情况,教学才会是真正有效的教学、高质量的教学,大数据的出现解决了这个问题,让教师可以更加合理地安排自己的教学活动,进行教学变革,从而适应学生的学习需求,最终促进基础教育的进一步发展。

3. 大数据促进教学质量提高

大数据记录了海量的教育过程数据,通过分析这些数据,可以检测到基础教育教学的实施情况,进而提高教学质量。美国肯尼迪小学是坐落在美国威斯康星州简斯维尔市一所成立不到 20 年的小学,是美国"蓝带学校"殊荣获得者。在全美所有公立和私立学校中仅有 3％的学校能获此殊荣,获奖学校不仅要求学生学业成绩连续 3 年高于国家平均水平,而且要求有 40％以上的学生来自贫困家庭。该学校校长 Allison DeGraaf 在 2012 年北京举行的"小学教育国际会议"上揭示了学校获此殊荣的奥秘。她指出,"高质量的教学和评价机制是学校成功的重要秘诀之一,高质量的教学建立在数据研究基础之上,即数据驱动型教学"。威斯康星州每年都举行"知识和概念考试(Wisconsin Knowledge and Concepts Examination,WKCE)",肯尼迪小学要求教师每年必须参加 3 次"数据挖掘"的活动,深入分析每个学生的 WKCE 数据,找到学生学习的弱点,然后不同的教师开展协商合作,共同设计全班的课程、小组活动以及差异化的教学方案,其目的就在于提高课堂教学的针对性,进而提高学生的学业成绩。基于大数据分析基础上的教学研究体系,使得肯尼迪小学教学质量获得了极大的提高。

我国的基础教育会定期召开教师教学研讨会,在一定程度上对教学质量的提高起到了推动作用。但是仅以教学经验来促进教学质量的提高是远远不够的,在信息时代,要充分发挥数据的作用,将每个学生的数据进行全面的汇总分析,从而利用大数据结果来指导教学,提高教学质量。

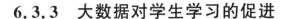

6.3.3 大数据对学生学习的促进

大数据的出现为学生创造了主动学习的机会,学生可以利用丰富的教育资源去接受更好的教育,学习自己感兴趣的知识,从而实现个性化教育。

1. 大数据促进学生发展

大数据帮助学生进行高效的学习。学生借助大数据,可以更好地了解自己的学习状况,有针对性地开展自主学习,提高学习效率。学生在课前进行预习,借助大数据相关软件找到知识的难点和易错点,提前感知这些知识点。课上,学生可以重点学习自己薄弱的地方。课后,学生再对这些知识点进行有针对性的训练。通过大数据相关的应用软件,可以分析学生目前掌握了哪些知识点,进行某门课程的学习最适合的方法。大数据相关的学习应用软件,可以对学生的学习过程进行分析,为学生主动推介学习资源,建立知识点之间的逻辑联系,总结规律,设计合理的学习进度,帮助学生拓展和完善知识结构和知识面。有了大数据,学生可以避免反复做自己已经学会的题目,而重点对自己相对薄弱、掌握得不够熟练的知识点进行训练。这样不仅大大提高了学习效率,而且也大大减轻了学生的负担。

大数据可以挖掘学生的兴趣爱好,激发学生的创造力。学生可以从网络上获取自己感兴趣的教育资源,根据自己的时间安排学习进度,提高自己获取知识的能力。大数据的出现让学生更好地完成知识的积累和获取,同时大数据分析及时掌握学生的学习程度,给予适合学生的练习,可以让学生在掌握知识的同时节省大量的时间来做自己喜欢的事情,从而减轻学生的负担,更好地促进学生的全面发展。

2. 大数据实现个性化教育

个性化教育是未来教育发展的趋势,它是根据学生的基本情况,有针对性地提出适合学生发展的策略,从而促进学生个性化实现的一种教育手段。个性化教育需要根据学生的性格、爱好、能力等基本情况进行教学设计,大数据将每个学生的信息统计入库,教师利用大数据相关分析软件来了解学生情况,对学生进行因材施教,从而实现学生的个性化教育。

美联邦2006年通过津贴帮助各州建立纵向数据系统,支持建立各种全国性的数据标准、提高数据品质的主动行为,帮助学校更好地利用数据促进学生学习。纵向数据系统从幼儿园开始记录学生数据,其中每个学生的独特标志、入学记录、参与的学习项目、录取、调剂、辍学、毕业等信息是必填信息，纵向记录学生整个学生生涯的数据信息，为对学生实现个性化教育提供依据。

个性化的教育促进学生自主学习，让学生由被动学习变为主动学习，学生根据自己的情况，安排适合自己的学习，从而完成相关学习。大数据既帮助学生实现个性化教育，又有益于学生未来的发展。

6.3.4　大数据对教育评价的影响

教育评价是在教育决策、教育教学、学生学习完成之后，对教育过程进行的一项评价活动。大数据的出现使得教育评价体系发生了较大的改变。

1. 大数据促使教育评价标准发生改变

大数据之前，基础教育的评价指标仅包括入学率、升学率等简单的评价数据，这些数据通过简单的抽样调查获取，只能代表一定的个体，不能客观反映基础教育发展的总体情况。数据表达、数据预测、数据超越是大数据的三大特征，大数据环境下的教育评价标准，注重学生的未来发展动向、教学发展前景等。大数据将基础教育发展过程中的数据收集起来，然后根据这些数据来预测基础教育可能的发展趋向，并对这一趋向进行评价，从而促进基础教育可持续性发展。

我国《国家中长期教育改革和发展规划纲要（2010—2020年）》指出："要改进教育教学评价，根据培养目标和人才理念，建立科学、多样的评价标准。做好学生成长记录、完善综合素质评价，探索促进学生发展的多种评价方式。"

大数据影响下的教育评价，并不是将教育的各个数据简单地堆积拼凑起来，看它们各自的发展动态，而是将教育数据的各个子系统进行有机的联系，从而进行一个全方位的评价。美国自从2001年颁布《不让任何一个孩子落后》教育法案后，开始大力推进数据在教育评价中的应用，认为数据可以为不同层次、不同目标指向的教育评价提供直观、可靠的依据，帮助教育决策者、教师以及家长全面客观地了解教育发展现状、趋势以及改进方向，帮助科学评价学生学习成果与教师教学有效性。

2. 大数据支撑过程性评价

大数据强大的数据统计和记录特征，使得教育过程各个角度、各个层面的数据可以随时被收集起来。过程性评价有利于实时发现问题，对教育决策进行及时修正，使得教育可以沿着正确的方向不断发展。利用大数据的过程性评价，不断对教育教学进行调整，使得教育教学更加有效，从而促进基础教育教学目标的实现。

　　大数据可以将一个学生从入学开始的数据一直存储起来,让这些数据成为伴随其一生发展的重要档案,通过分析这些数据,对学生的教育活动进行价值判断,实现其发展目标的过程。如北京、上海等地的一些中小学,以过程性评价理念为指导,持续跟踪学生历次考试成绩,通过时间序列分析、聚类分析等手段,对学生的学习数据进行挖掘,构建学生的学科知识地图,进行学习行为分析,最终实现对每个学生学习力的诊断。

3. 大数据提供了实现多元化评价的途径

　　传统的学生评价主要是针对学生的学业水平测试,评价主要由学校相关部门和教师完成,整个评价体系呈现出封闭性的特征。教育大数据直接产生于各种教育活动,覆盖学生在校内外的学习活动和行为表现。多种来源、结构不同的数据汇总在一起对学生进行多元化的教育评价。

　　多元化评价就是对学生进行一个全面的评价,包括学生的德、智、体、美、劳等几个方面。过去的教育评价的重点主要是放在学生智育的评价上,当前强调学生的发展性评价和综合素质评价,大数据的运用为此提供了技术支撑。大数据不仅记录学生学习方面的数据,也将学生在德、体、美、劳等方面的情况全部记录下来,形成一个量化的数据结果。这样,在进行教育评价的时候就可以更加客观具体,能够实现对学生多方面、多层次的评价。

　　教育教学活动是一个复杂的系统,多元化的教育评价对于教育的发展是一个机遇,让教育评价标准多一些角度,从而使教育评价更客观。多元化教育评价体系的建立,有助于形成一个有效的培养现代化人才的基础教育发展机制,有利于建立完善的课程考核体制,促进教育教学水平的提高。

6.3.5　大数据对教育研究的影响

　　大数据时代教育研究的主要工作是基于教育研究领域的专业特征、实践特性和研究取向,整理和挖掘数据,助推适用于教育科学的数据分析模型和框架的构建,对已有数据进行有针对性的解读分析,获取具有教育学科特征的研究结论。大数据的出现让教育研究者借助数据来把握教育研究的新趋势,立足数据来开启教育研究的新范式,利用数据来发挥教育研究助推基础教育发展的作用。

1. 大数据有助于把握教育研究新趋势

　　大数据可以将基础教育过程中的海量数据全部收集起来,通过分析技术提取特定的信息,从大量非结构化的数据中挖掘出有用数据,预测教育研究领域的发展趋势,确定教育研究的新方向。大数据的支持,让教育研究者可以清晰地看到基础教育发展的趋向,把握教育研究的新趋向,更好地进行教育研究。

大数据解决了教育领域很多属性难以量化的问题。用数字对一个整体的组成部分予以命名是现代社会的一个特点,能够很好地运用实证与数学,是大数据时代对教育研究者的必然要求。教育研究人员需要提升知识体系,注重基于数据的量化方法的学习和应用,加强数据思维及方法的训练。

2. 大数据开启了教研的新范式

大数据时代的教育研究立足于海量数据,可以说是对数据进行的一系列研究。数据量多与杂是大数据的一个特点,其结果就是大数据将教育中的一切都记录下来,教育研究者只需要从中提取自己需要的数据进行研究就可以。以往的教育研究就是到学校进行实地调研,或者是阶段性的测试、调查量表、抽样调查表等调查手段。在进行研究的过程中,由于教师和学生是知情人,那么他们的一些行为就会有意无意或者刻意地发生改变,不是最自然状态的表现,研究结果的信度就会大打折扣。

大数据时代的教育研究采用的是一种数据化的新范式。大数据将教育过程中的一系列数据收集起来,这种实时都在收集教育数据的过程,即使教师和学生知情,他们也不能时刻保持非正常状态的教学和学习,因此,大数据收集到的教育数据是客观的,对这些数据进行的研究也将会是最客观的教育研究,最能保持信度和效度,研究成果也是有价值的,一定可以促进基础教育的发展。

3. 大数据助推教研促进教育发展

在大数据时代,教育领域的研究将会更加注重利用数据进行分析,然后进一步进行实证研究。大数据下的基础教育研究会越来越贴近现实,能够更好地解决基础教育发展过程中的各种问题,促进基础教育的发展。

大数据改变了教育理念和教育思维方式,使教育不再是靠理念和经验来传承的社会科学,它将变成一门建立在数据基础上的实证科学。教育研究即将变成一种实证化的研究方式,这将会是教育发展史上的一次变革,它将会使教育研究像科学研究一样,做得更加细致、更加具体,也会使教育发展成为一个结构化的发展趋向。在这样的情况下,教育研究的结果会更加客观。

大数据下的教育研究,给教育活动注入了活力,教育活动可以随时根据教育研究的结果进行调整,从而更好地适应教育的发展。这样的教育研究方法有利于归纳总结新的教学方法,促进基础教育教学内容和教育过程的发展提高。

6.4　对在基础教育中应用大数据的思考

　　大数据为基础教育的发展提供了各种各样的便利,让基础教育能够更加快捷、高效地达成其发展目标。但是,大数据会带来一定的数据风险——容易发生数据泄露;另外,对数据的过分崇拜也会造成一定程度的危险。

　　在基础教育中运用大数据,要将研究重点放在如何利用技术更好地实现基础教育的发展,而不应该把关注点过多地放在大数据工具上,不要把大数据神化,认为大数据可以解决一切问题。大数据技术只是一种手段,我们可以选择用它去分析基础教育的各种情况,也可以选择不用,不是运用大数据就一定可以发展好基础教育,而是在大数据的辅助下,能够对基础教育发展起促进作用。

　　大数据让教育工作者可以清晰地了解学生的基本情况,进而实施合理的教学活动,促进学生的发展。但如果大数据保护不当,会使用户蒙受巨大的损失。在数据开发过程中一定要注意保护数据的安全,建立安全警戒线,切实保护好教育中各方的利益。教师或其他相关人员在收集和利用数据时,要遵循数据使用规则,合理合法地使用数据,不能泄露隐私数据。

　　大数据是把双刃剑,不能因为其存在弊端就规避它,而应该扬长避短,让大数据为基础教育的发展服务。每一个教育工作者都要树立正确的数据意识,加强个人隐私的保护意识,防患于未然,将大数据的风险降到最低,充分发挥大数据在基础教育中的作用。

第7章　总结与展望

7.1　教育信息化对教育公平的促进作用

教育是国家发展的基石,教育公平是重要的社会公平。教育公平是社会公平价值在教育领域的延伸和体现,同时也是教育现代化的基本价值取向。教育公平是实现和谐教育、践行社会主义核心价值观和促进社会公平的重要基础。《国家中长期教育改革和发展规划纲要(2010—2020)》将教育公平作为国家基本教育政策,这不仅反映出国家对于教育公平问题的重视程度,更突出强调实现教育公平任务的长期性与艰巨性。过去,人们的要求是"人人有学上",现在的要求则是"人人上好学"。这就使得教育公平越来越受到更多的关注。我国历史悠久、幅员辽阔,但各个地方的发展却很不平衡,所以在教育上也存在着很多实际的不公平现状。如何解决这一教育不公平的现象?实践表明,实现教育信息化,是实现教育公平的有效途径之一。

信息技术是解决人们日常生活和学习困难的有力武器,是提高教育质量,实现教育信息化不可缺少的有力工具,它为师生的学习和发展提供了丰富多彩的教育环境。2000年10月,全国中小学信息技术教育工作会议提出"全面启动中小学'校校通'计划",2008年,教育部明确提出要"积极开展中小学现代远程教育,努力推进'班班通,堂堂用'"。从2012年3月开始,我国在"校校通"(2000)、"班班通"(2008年)的基础上,开始大力推进"三通两平台"建设,截至2016年12月,全国中小学互联网接入率由2011年的不足25%上升到88%,全国超过30%的学校开通网络学习空间,促进了教学资源的共享和教学方法的研究。"三通两平台"的实施,首先使全国各地的各级各类学校互联网接入率有了很大的提升,在此基础上,很多地方响应教育部的号召,在教育部财政拨款的基础上,地方财政通过多种渠道筹集资金,用于当地学校教育信息化的建设,很多学校的多媒体教室的拥有率有了明显的提升,通过"校校通"、"班班通"和"人人通"的形式,对教师的授课方式、学生的学习方式产生了显著的影响。"三通两平台"是对十年规划的前五年目标任务的高度凝练,它承载着加速信息化的历史使命。加速教育信息化就是要以信息技术与教育教学的深度融合,带动教育现代化跨越式发展。"三通两平台"其实就是教育信息化基础设施建设,它不仅从根本上解决了中小学校的宽带接入问题,也使得优质网络资源在班级、学校之间实现共享,大大改善了学校的教学环境和学习环境。"三通两平台"作为教育信息化的抓手,在当前教育信息化发展过程中是必须要走的路。促进教育公平,充分利用优质教学资源,就是"三通两平台"的意义。

2015 年 3 月 5 日,李克强总理在政府工作报告中首次提出了"互联网+"行动计划,随后"互联网+"也被用到教育行业,为实现教育公平提供了新的方式。通过"互联网+教育",将信息通信技术、移动互联网技术与教育三者结合,转变了传统的教育思想,开创了教育发展的新理念、新动力,改变了原有单一的教育模式,为教育公平打开了新的突破口。信息技术促进了教育体制、教育内容、教学方法以及教学模式发生了深刻变革。在"三通两平台"基础设施建设的前提下,国外的翻转课堂、微课、慕课等新型的课堂教学模式也开始纷纷被国内学校效仿,极大增加了学生平等参与教学过程的机会,突破了在校学生这个群体的限制,为终身学习创造了条件,对于促进我国的教育公平有很大的意义。

信息技术在促进学生平等地享有优质学校就读的机会、平等地享有优质资源、平等参与教学过程以及教师可以平等地享有提高教研能力等方面,具有无可比拟的优势。确保所有人都受到良好的教育,注重城乡统筹协调发展,是教育最重要的目标。不管是国家的项目工程,还是西部地区为解决当地实际问题而采取的各项措施,首先解决了农村地区贫困儿童上不起学的问题。其次,信息技术的出现,成为东西部地区优质教学资源传输及应用的重要桥梁,从根本上解决了农村地区因师资力量不足而导致的上不齐课、上不好课的问题,在此基础上,互联网技术的应用,为教师的专业发展提供了学习和交流的平台,将不同学校、不同地区最优秀的教育资源传送到农村及偏远地区的中小学,也为师生的远距离交流创造了有利条件,通过互联网将崭新的教育观念和大量丰富的教育信息平等地传递给每一位学者,满足了相对落后地区人们的信息需求,在很大程度上增加了全体社会成员的信息量,从一定层面上缩小了由于东西部地区经济、文化差异而产生的差异。

7.2 教育信息化存在的问题及对策

信息技术固然可以减少教育不公平的现状,但它的应用需要基础设施建设以及其他很多现实因素的支持。随着信息技术的发展,各个地区的数字鸿沟可能有逐步加深的趋势。发达地区在信息技术基础设施建设上资金投入多,利用率高,从而使地区信息技术发展迅速。而相对贫穷闭塞的地区由于没有充裕的资金支持,基础设施建设跟不上,思想观念也不能与时俱进,于是形成的"信息落差""知识分隔"越来越明显,富者更富,穷者更穷,引起教育新一轮的两极分化。

针对我国地区发展的不均衡性,国家投入很多的资金资助相对贫困地区,帮助他们加强信息技术基础设施建设。但是用这些不菲的资金建设的资源有没有发挥功效呢?实际情况是一些地方把这些设施当作摆设,根本没有在教学中去利用它们。归根结底,是由于教师培训跟不上设施建设,有了设备却没有会利用的人。同时,教师的教育理念跟不上发展,使信息技术与自己的教学无法很好地结合,这不得不说是信息技术的一大尴尬。信息技术对其使用者有很高的要求,如何合理利用它来服务自己而不成为套在自己脖子上的一道"技术枷锁"是教育界、教育信息化发展中亟待解决的问题。在我国,尤其是农村和边远地区,拥有相关设备并掌握了相关技术和使用技巧的人很少,更别说在教学和生活中运用信息技术解决实际问题了。

我们不能忽视信息技术促进教育发展的优越性,但针对教育信息化发展过程中存在的现实问题,我们应采取相应的措施,尽力保证教育的公平。

7.2.1 加强宣传和政策规范,提高教育行政部门和学校领导的认识

在推行教育信息化过程中,遇到的最大困难和阻力来自于观念层面。个别地区的主管领导和学校校长对信息化存在种种疑虑,在一定程度上影响了教育信息化的进程。一个地区、一所学校对于现代教育信息技术的推广使用情况,在很大程度上取决于该地区的教育行政领导、学校校长的重视程度,取决于他们对教育信息技术的认识和兴趣。显然,我们在实现教育信息化过程中,首先要做好各级领导的观念转变工作,一方面通过宣传和学习提高他们对教育信息化重要性的认识,另一方面要让他们掌握教育信息技术,使他们成为内行。内行校长对

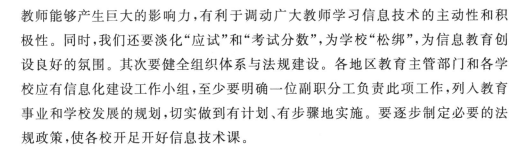

教师能够产生巨大的影响力,有利于调动广大教师学习信息技术的主动性和积极性。同时,我们还要淡化"应试"和"考试分数",为学校"松绑",为信息教育创设良好的氛围。其次要健全组织体系与法规建设。各地区教育主管部门和各学校应有信息化建设工作小组,至少要明确一位副职分工负责此项工作,列入教育事业和学校发展的规划,切实做到有计划、有步骤地实施。要逐步制定必要的法规政策,使各校开足开好信息技术课。

7.2.2 加大教育信息技术的硬件投入,保证学校信息技术教育的顺利实施

计算机是基本工具,是实施信息技术教育的基本条件。因此,各地区、各学校要千方百计地筹措经费,增加投入。对于经济不太发达的地区,学校要把有限的教育经费集中使用在改善教学设备的教育手段上,不要只盯着传统的校园建设。应本着"软件从严,硬件从实"的原则,在学校资金有限的情况下,优先保证教育设备现代化的需要,宁可"中档校舍,高档设备",不追求"高档校舍,低档设备"。在信息技术硬件投入上,不能因为没有充足的资金就拖延或凑合信息技术硬件建设,要想尽各种办法,在资金有限的情况下,重点投入信息建设。无论是发达地区还是不发达地区,教育经费永远是不够用的,没有一个地区的教育经费多得用不完。所以,不能等待,要创造条件,把钱花在最需要的地方,花在对提高学校的教育教学质量、对培养现代人才最有价值的地方,即信息技术教育上。

7.2.3 加强中小学信息技术教师队伍建设

建设一支适应教育信息化的师资队伍,是推进中小学普及信息技术教育,实现教育现代化的关键。从我国师资队伍的现状来看,首先要加强对在职教师的培训,通过多种途径,对在职中小学教师大力开展以计算机和网络为主的信息技术的全员培训。学校可聘请专家,组织中青年教师参加计算机培训班,帮助教师掌握计算机、多媒体、网络的知识和操作技能,并介绍使用先进的教学软件;还可以进行教学技术课题研究,采取"滚雪球"的办法,帮助教师在实践中学习提高;为教师上机提供便利,对教师开放所有计算机房,教师可以随时利用课余时间学习、操作、设计;还可以把教师送到大专院校培训,系统学习现代教育技术知识;将新分配来的教师安排到教育技术中心接受岗前培训,等等。另外,要大力提倡教师开展信息技术教育应用的研究工作,使教师在教育科学研究中,提高自身的

信息技术水平和信息技术教育能力。

7.2.4 利用远程教育手段,实现教育资源共享和教育公平

远程教育恰好可以超越时空的限制,把最优秀的、丰富的教育教学资源送到偏远地区,实现教育资源共享,为全体公民提供平等的受教育或学习的机会。远程教育,用较低的成本将培训内容传送到广大农村地区和偏远地区,提高了教师队伍的素质,缩小了地区之间教育质量的差异。利用远程教育手段,可以实现教育资源共享,提高教育教学质量。目前,在我国偏远地区由于教育资源匮乏,教师和统一的教材仍然是课堂教学信息的唯一来源,享受不到优质的、丰富的教学资源,与发达地区提供给学生的教育资源差异很大。通过远程教育,可以缩小这种差异。通过教育网络,可以使偏远地区的学校教师获得尽可能丰富的多媒体课件。这些教学资源集中了全社会最优秀的教学资源,既可以为教师的教学提供了良好的可选素材,又可以为学生的课上和课下学习提供可选的资源。利用远程教育还可以去改变最落后的状况和最薄弱的环节。比如,偏远地区农村小学开设英语教学,会遇到师资缺乏、发音不准、难以打好基础等难题,但是充分利用教育电视台的作用,每周定时向农村小学播放同步英语教学节目,就能实现优良教育资源共享,使每个角落的农村学生都能接受高质量的英语教学,从而不仅解决了农村小学英语教师缺乏问题,还使农村小学英语教学水平有可能实现由最差到较高的历史性跨越。远距离教育突破了班级、校园、地区的界限,可以在全县、全市乃至全国范围内集中发挥优秀教师的群体优势,在网上为所有的学生提供及时的帮助。这种在大范围内实现的教育资源共享,不仅给千千万万的学生创造了良好的学习机会,也为全国教师之间的相互学习与交流提供了最经济、最快捷的途径,是实现基础教育公平的最佳突破口。

总之,要实现教育公平是一个很复杂的问题,它不是一蹴而就的事情,我们不仅要在制度建设方面应给予保障,更重要的还是要有完善、合理的应对措施,盲目地跟随形式是没有好前景的。各地区要建立适合自身的一整套规范来指导信息技术的深入发展。教育本身是一个改变个人、改变社会的过程,所以应采取一些适宜的措施来消除不同环境下造成的不平等,缩小差距,尽力实现教育公平。

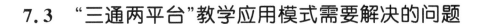

7.3 "三通两平台"教学应用模式需要解决的问题

翻转课堂、微课、慕课等作为"三通两平台"的教学应用,在一定程度上改变了传统的课堂教学模式,变革了教育的社会属性,拓展和强化了人才培养的社会化服务职能,使得优质的教育资源在全球范围内得到了共享。作为新兴的教学模式,怎么做才能迎来更好的发展成为非常值得思考的问题。

7.3.1 需要实践指导

翻转课堂、微课、慕课等教学模式发展到现在,研究的范围已经比较宽广了,查阅中国知网,相关文献不仅有基础理论的探讨,还有教学设计、开发、应用和评价等各环节的研究成果。但大部分研究都是在传统教学设计理论之上提出的,而且大多都没有在实践中进行应用检验。这些教学模式的应用效果如何,最有发言权的是学生,只有学生在学习中应用了这些教学模式,学习成绩、学习效率有所提升,才能证明它们存在的价值,然而,目前并没有人进行这方面的跟踪研究,缺乏相应的评价标准,没有大数据对其效果提供支撑。

7.3.2 需要转变教育观念

翻转课堂、微课、慕课不是简单地把传统教育搬到线上,教师的教育观念要转变,在教学中必须牢牢树立以学生为中心的教育观,将自己从知识的提供者转换成知识的组织者,从知识的传播者转换成问题解决者,关注学生的差异性,因材施教,调动学生的积极性和探究性。

除了教师需要转变观念外,作为传统教育下学生学习重要环境的学校,更应该树立起以学生为中心的教育观念,将自己放在服务者的角度,以用户思维了解学生真正的需求,借助信息技术不断完善自身的管理水平,尊重学生的差异化,进行差异化管理。教育行政部门需要从制度上推动教育的创新,改革传统的以考试成绩判断人才的标准,为教育的变革提供良好的环境。社会多方共同努力,从根本观念上进行转变,才能使得教育的观念发生变革。

7.3.3 需要教育内容顺应时代

想要翻转课堂、微课、慕课等教学模式得到更好地发展,我们必须使教育的内容系统化,需要以国家标准、学生的切实体验为基础,学校、企业等多方面整合资源共同构建学习内容的系统化。

"互联网+教育"与传统教育相比,是教育生态的变化,不过无论它如何依靠数字化、网络化、智能化进行交互、共享、整合,它的根本依旧是教育。教育最应该做的就是因材施教,针对不同的学生采用不同的练习和辅导手段。随着互联技术的成熟以及计算机数据处理技术的快速发展,"互联网+教育"为因材施教提供了可能。

"互联网+教育"的时代涌现出一批以信息传播为主的互联网教育企业,这些企业在应对教育改革中起到了非常重要的作用。国家政策教育制度方面需要制定相应的方案协作这一新生力量的发展,避免产生约束,同时还要进行整体把控,避免这些互联网企业、互联网教育平台、学校进行重复冗余的工作。学校方面要精简教育的内容,将教育的核心从知识转向思维,顺应互联网的潮流。

7.4 "三通两平台"应用策略

根据以往的调查发现,"三通两平台"应用中存在的问题主要集中在观念、重视度、信息技术水平等"人"的因素上。只有真正解决这些"人"的问题,师生积极有效地去应用,才能体现"三通两平台"的价值,实现教育均衡发展的目标,促进教育公平。因此,在"三通两平台"应用中有如下建议。

7.4.1 领导重视,更新师生观念

在教育信息化建设过程中,观念决定了态度。各级领导、师生要树立正确的教育信息化观念,认识到"三通两平台"在学科教学中的重要性,这是实现信息技术与学科教学深度融合的重要保障;还要认识到教育信息化是未来教育发展的趋势和必由之路,是新时代对教育提出的新要求,只有这样,教育信息化才能顺利发展,"三通两平台"才能得到积极有效的应用。可以通过组织教育信息化讲座、新技术新媒体示范课,参观教育信息化办得好的学校等引发师生的兴趣,让师生体验到信息化的便利,体验到新媒体、新技术、互联网等带给教育教学的好处,强化应用的内部动机。

7.4.2 加强培训,提高教师信息素养

在"三通两平台"建设过程中,教育信息化设备和教育资源不断丰富,教师作

为这些设备和资源的主要使用人,其信息技能要跟上发展的步伐,这就要求教师要与时俱进,不断学习。在培训内容的选择上,要针对不同的信息化水平的教师,给以不同的培训内容。通常可以分成三个层面的培训:一是基础培训,包括班班通、校校通设备的基本应用、课件的制作等;二是中级培训,包括音视频的裁剪、电子白板的应用、白板课件的制作等;三是高级培训,包括微课的制作、慕课及翻转课堂的应用等。根据调研发现,对于教师培训来说,分内容、分片区、分学科的培训是最有效的培训方式。培训是否有效主要看教师在实际教学中的应用是否提高,因此,最好的培训效果检测方式是教育主管部门组织相关人员深入课堂进行听课,验收培训效果;同时,举办各级各类的教学比赛,提高教师的积极性。

7.4.3　采用多种举措调动教师的积极性

"三通两平台"对很多教师而言是新兴的事物,要花很多精力去学习研究,要让教师接受翻转课堂、微课、慕课等"三通两平台"的应用,需要教育部门通过各种举措调动教师的积极性,强化其应用能力。比如,开展各种信息化活动,激励师生对"三通两平台"的有效应用,如"一师一优课""说课活动"、教学技能大赛等,这些活动的开展既使在教学中应用"三通两平台"较好的教师得到了奖励,又构建了良好的"三通两平台"应用氛围,促使了信息技术与学科的深度融合。另外,应该把"三通两平台"的应用纳入教育主管部门对学校的评估、考核之中,纳入学校日常教学和教师的年度考核中,从而推动"三通两平台"的应用。

综上所述,"三通两平台"重在"用","用"的主体是"人",要使"三通两平台"得到有效应用,必须"以人为本"。通过更新师生信息化观念,强化信息素养培训、探索信息化教学模式、开展信息化活动、建立信息化激励机制、实施信息化考评制度等措施,有效调动师生的积极性和主动性,从而推进"三通两平台"的切实应用,促进教育信息化的发展,实现教育公平。

参考文献

[1] 祝智庭.教育信息化:教育技术的新高地[J].理论纵横,2001(2):5-8.

[2] 南国农.教育信息化建设的几个理论和实际问题[J].电化教育研究,2002(11):3-6.

[3] 何克抗.我国教育信息化理论研究新进展[J].中国电化教育,2011(1):1-19.

[4] 何克抗.教育信息化发展新阶段的观念更新与理论思考[J].中国教育科学,2016(2):23-41.

[5] 聂竹明,杨一捷,刘钊颖.透视美国国家教育技术计划二十年历史变迁之路[J].中国电化教育,2017(2):132-139.

[6] 董永芳.新加坡教育信息化发展战略概述与启示[J].教学与管理,2016(2):118-121.

[7] 马宁,周鹏琴,谢敏漪.英国基础教育信息化现状与启示[J].中国电化教育,2016(9):30-37.

[8] 李克强.政府工作报告——2015年3月5日在第十二届全国人民代表大会第三次会议上[EB/OL].[2022-4-15].http://www.gov.cn/guowuyuan/2015-03/16/content_2835101.htm.

[9] 国务院关于积极推进"互联网+"行动的指导意见.[2022-4-15].http://www.gov.cn/zhengce/content/2015-07/04/content_10002.htm.

[10] 刘延东.以教育信息化全面推动教育现代化.[2022-4-15].http://news.xinhuanet.com/newmedia/2015-11/21/c_134839826.htm.

[11] 教育部办公厅.2016年教育信息化工作要点.[2022-4-15].http://www.moe.gov.cn/srcsite/A16/s3342/201602/t20160219_229804.html.

[12] 于扬.所有传统和服务应该被互联网改变.[2022-4-15].http://www.donews.com/original/201211/1694873.shtm.

[13] 吴砥,彭娴,张家琼,罗莉捷.教育云服务标准体系研究[J].开放教育研究,2015(5):92-100.

[14] 中国科技大学."瀚海星云"校园云[EB/OL].[2022-4-15].http://cloud.

ustc. edu. cn/.

[15] 武峰. 大数据 4V 特征与六大发展趋势[EB/OL]. [2022-4-15]. http://cn. chinagate. cn/news/2015-11/16/content_37074270. htm.

[16] 黄欣荣. 大数据哲学研究的背景、现状与路径[J]. 哲学动态,2015(7): 96-102.

[17] 王震一. 教育离"信息化"到底还有多远[J]. 中小学信息技术教育,2012 (12):25-26.

[18] 教育部办公厅. 教育部办公厅关于印发《2014 年教育信息化工作要点》的通知. 教技厅,[2014]1 号.

[19] 孙晓立. 大数据:让"云"落地成"雨"[J]. 中国科技投资,2012(Z2):43-45.

[20] Darrell M West. Big Data for Education:Data Mining,Data Analytics and Web Dashboards. Governance Studies at Brookings. Washington:Brookings Institution,2012:1-10.

[21] Enhancing Teaching and Learning through Educational Data Mining and Learning Analytics. [2022-4-15]. http://www. ed. gov/edblogs/technology/files/2012/03/edm-la-brief. pdf.

[22] 王萍,傅泽禄. 数据驱动决策系统:大数据时代美国学校改进的有力工具[J]. 中国电化教育,2014(7):105-112.

[23] 鄂玺如. 大数据给教育带来的思考[J]. 科教导刊,2014(9):8-9.